ラズパイ Pico W

かんたん IoT電子工作 レシピ

技術評論社

本書のサポートページについて

本書で使用するプログラム等は、以下のサポートページからダウンロードすることが可能です。

https://sozorablog.com/picowbook/

はじめに

　子どもの頃、ブロック遊びに夢中になった記憶は多くの人に共通するものかもしれません。多様な形のブロックを組み合わせ、想像を形にしたあの感覚。電子工作はまさにその感覚を再現できるものだと筆者は考えます。さまざまな電子パーツを組み合わせ、思い描いたものを実際に作ることができるからです。

　一見すると難しそうに感じるプログラミングも、実はブロック遊びと同じような面白さがあります。さまざまな機能の集まりをブロックのように組み合わせることで、イメージを自由に実現します。自分が納得いくまで組み合わせを変えて、理想の形に近づけていけるのです。難しい問題に直面しても、その解決策を見つけた瞬間、自己肯定感が高まり自信につながります。

　「やった！動いた！」

　自分でプログラムした回路が動いたとき、その瞬間は心を揺さぶる何かがあります。それはまるで中毒性があるかのように、何度も味わいたくなる魅力があります。筆者自身、初めてプログラムによって現実のモノを動かせた時の感動は、今でも鮮明に覚えています。このワクワクをもっと多くの人に感じてもらいたいという強い想いから、本書を執筆しました。

　本書ではRaspberry Pi Pico Wの無線LAN機能を活用し、基本的な電子パーツをどのように組み合わせるかについて、幅広い例を紹介しています。初心者の方が手軽に挑戦できるような、シンプルで理解しやすい作例を豊富に取り揃えています。これらの作例を通じて、読者の皆さんがオリジナルの作品を作る時に役立つ基礎的なテクニックを習得できるよう設計しました。

　筆者自身はプロのエンジニアではありませんので、あまり難しい技術には触れていません。しかし、その分、エンジニアでない方にも理解しやすい説明を心掛けました。本書で紹介する作品は市販のものと比べると、見た目や品質で劣るかもしれません。しかし、制作する楽しさや完成したときの喜びは何物にも代えがたいものです。本書の目標は、初心者の方にできるだけ多くの「やった！動いた！」を体験してもらうことにあります。Raspberry Pi Pico Wをはじめることで、すべてを忘れて夢中になれる瞬間にもう一度出会えることを心から願っています。

2024年5月　そぞら

Contents

Chapter
3　電子工作プロジェクトへの
ステップアップ

Chapter
4　光の強さで
降水確率を知らせる装置

Chapter 7 | 玄関のカギは閉まってる？ Pico Wで遠隔確認する装置

Chapter 8 ｜ 今日は何着る？ 洋服選び提案ChatGPTロボット

Chapter 1

イントロダクション —Raspberry Pi Pico W入門

Raspberry Pi Pico W は驚くほどのコンパクトサイズでありながら、非常に大きな可能性を秘めたマイコンボードです。電子部品の制御ができるほか、ネットワークに接続した IoT デバイスの制作も楽しめます。この章では、Raspberry Pi Pico W の特徴や Raspberry Pi シリーズとの違いを解説します。さらに Pico W にファームウェアをインストールして、プログラミングをはじめるための準備をしましょう。

Raspberry Pi Pico Wの特徴

低価格で高性能な Raspberry Pi Pico W。まずは開発背景やスペックを見ていきましょう。

Raspberry Pi財団が開発

▲ Raspberry Pi Pico W

　Raspberry Pi Pico W（以下 Pico W）はイギリスの Raspberry Pi 財団により開発されました。Raspberry Pi財団はコンピュータ教育の発展を目指して設立された非営利団体です。手頃な価格で高性能な製品を多数提供しています。代表的な製品は「ラズパイ」の愛称で親しまれているシングルボードコンピュータ「Raspberry Pi」です。Raspberry Piは教育目的だけでなく、ホビー用途から産業用途にいたるまで幅広く活用されています。Raspberry Piシリーズと Pico シリーズの違いについては、のちほど詳しく解説します。

　Raspberry Pi財団は、さまざまな領域で活用される製品の開発に取り組んでいます。その一つが「Raspberry Pi Pico」シリーズです。

製品名	種類	用途	特徴
Raspberry Pi Model A	シングルボードコンピュータ	汎用	小型、低コスト、一部のコネクタは省略
Raspberry Pi Model B	シングルボードコンピュータ	汎用	充実したインターフェースを備えた主力製品
Raspberry Pi Zero	シングルボードコンピュータ	汎用	小型、低コスト、性能は低め
Raspberry Pi 400	キーボード一体型コンピュータ	教育	Raspberry Pi 4 B をキーボードに組み込んだ形状
Raspberry Pi Compute Module	コンピュータモジュール	組み込みシステム	Raspberry Pi の機能を組み込みシステムや産業用アプリケーションに適用
Raspberry Pi Pico / Pico W	マイクロコントローラーボード	電子部品の制御	低コスト、低消費電力、Raspberry Pi 財団が開発したチップ「RP2040」を搭載

▲Raspberry Pi財団が開発した主要な製品

「Pico」シリーズはRaspberry Piのマイコンボード

　Raspberry Pi Pico Wの前モデルであるPicoは、ラズパイシリーズのマイコンボードとして2021年に登場しました。マイコンボードは、電子部品を制御するための小型コンピュータの一種です。プログラムを書き込むことで、センサーやモーターなどの電子部品を任意にコントロールできます。

　現在は円安などの影響で値上がりしていますが、発売当初は550円という衝撃の価格で話題となったPico。さらに衝撃的だったのはボードのサイズです。他のラズパイシリーズと比較しても、Picoのサイズは格段に小さく、手のひらにすっぽり収まるほどです。このサイズの小ささは、スペースが限られているプロジェクトや持ち運びを重視する用途に理想的といえます。

モデル名	参考価格	特徴
Raspberry Pi Pico	792 円	Wi-Fi機能なし、ピンヘッダーなし
Raspberry Pi Pico H	979 円	Wi-Fi機能なし、ピンヘッダーあり
Raspberry Pi Pico W	1,353 円	Wi-Fi機能あり、ピンヘッダーなし
Raspberry Pi Pico WH	1,496 円	Wi-Fi機能あり、ピンヘッダーあり

▲Pico シリーズの価格

1

イントロダクション — Raspberry Pi Pico W 入門

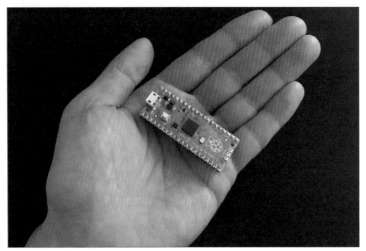

▲ Pico のサイズが分かる

　Pico シリーズの心臓部であるマイコンチップには「RP2040」が採用されています。RP2040 は Raspberry Pi 財団が初めて開発したマイクロコントローラーチップです。以前の Raspberry Pi 製品は Broadcom 社の SoC（System-on-a-Chip）を採用しており、独自開発のチップに財団の本気度が垣間見れます。

▲ RP2040 は Pico シリーズの心臓部

　RP2040 は CPU に 2 つのコアがあり、それぞれ独立して動かすことができます。例えば LED を点滅させながら、同時にモーターを制御するといったプログラムを実行することが可能です。

　また大容量の SRAM（Static Random Access Memory）を搭載していることも特徴で、複雑なプログラムでもスムーズに実行できます。

Raspberry Pi Pico Wは待望の無線LAN機能搭載モデル

　低価格、コンパクト、高性能という三拍子そろったPicoにも唯一の弱点がありました。それは無線LAN（Wi-Fi）機能が使えなかったことです。このため、センサーが反応した時にモーターを動かすといった、比較的シンプルな用途に限定されていました。ネットワークを利用した作品を作りたいときには、他のマイコンボードの使用や、別売りの無線モジュールの追加が必要でした。

　しかし、待望の無線LAN機能搭載モデル「Pico W」が発売。低価格、コンパクト、高機能なマイコンボードで無線LANを活用した電子工作が可能となったのです。例えば無線LAN経由でPico Wをスマートフォンから操作するといった、よりハイレベルな作品が作れるようになりました。

項目	無線LAN機能なし	無線LAN機能あり
モーターを動かす	○	○
センサーの数値を取得	○	○
遠隔からPicoを操作	×	○
遠隔からPicoの状態を知る	×	○
インターネットから情報を取得	×	○

▲無線LAN機能の有無によるできることの違い

　無線LAN機能が搭載されることで、「できること」の引き出しの数が大幅に増えます。さらに複数のPico Wを通信させて、データのやり取りをすることも可能です。

　Pico Wがあれば、高機能でワクワクするような電子工作を思う存分楽しむことができます。

1

イントロダクション — Raspberry Pi Pico W入門

Pico Wの仕様

CPU	Cortex-M0+ 133MHz × 2
RAM	264kB on-chip SRAM
Flashメモリー	2MB on-board Quad-SPI
無線LAN	2.4GHz IEEE 802.11n
Bluetooth	Bluetooth 5.2
電源	1.8〜5.5V
USB	Micro-USB（Type-B）
サイズ	51mm × 21mm × 3.9mm
重量	3g
発売日	2023年3月27日

▲Pico Wの仕様

Picoと同じRP2040チップを搭載したPico W。無線チップとアンテナが追加されたにもかかわらず、ボードサイズは据え置きになっています。

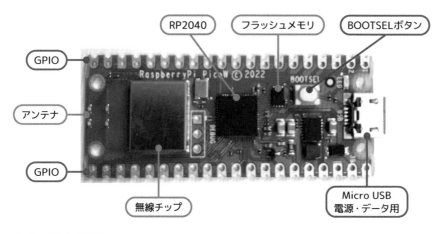

▲ Pico W上の部品

　Pico Wに搭載されたCYW43439というチップは、無線LANとBluetoothの機能を一つのチップで提供しています。無線LANは802.11nをサポートしており、2.4GHz帯での安定した無線接続が可能です。インターネットへのアクセスやネットワーク内でのデータ通信がスムーズに行えます。Bluetoothにおいては、Bluetooth 5.2に対応しているため、省電力で高速なデータ転送が可能です。このため、Pico Wは多様な無線機能を低コストで実装でき、さまざまな用途での活躍が期待できます。

Pico W購入時のポイント

　Pico Wは電子パーツショップなどで販売されています。もし近くに店舗がない場合でも、通販を利用すれば簡単に入手可能です。Pico Wは十分に小さいので、ショップによっては通常よりも送料を抑えられます。

　Pico Wを購入する際は「技適シール」が付いているものを選びましょう。日本国内で「技適シール」が付いていないPico Wを使用するのは違法です。無線LAN機能が搭載されたPico Wは無線機器とみなされます。国内で無線機器を使用するには「技術基準適合証明」（通称：技適）を受けた製品である必要があります。

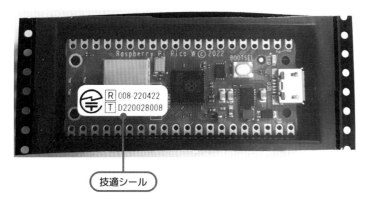

　技適シール

▲ パッケージに貼られた技適シール

　執筆時点で技適シールはパッケージに貼られているか、同封されています。シールは捨てずに保管しておきましょう。技適シールは無線通信機器の正規品であることを示す重要な証拠となります。

1

イントロダクション — Raspberry Pi Pico W入門

初心者におすすめのPico WH

Pico Wシリーズには、ピンヘッダーが実装された Raspberry Pi Pico WH というモデルがあります。Chapter 3で詳しく解説しますが、ピンヘッダーがあれば電子パーツを容易に接続可能です。通常版のPico Wでピンヘッダーを使うためには、自分ではんだ付けする必要があります。はんだごてを持っていない方は、Pico WHを選ぶことでスムーズに電子工作を始められます。

▲ Raspberry Pi Pico WH

Pico WとRaspberry Pi
それぞれの特性を理解する

Pico W と Raspberry Pi はどちらもマイコンボードとして利用可能ですが、使用する場面や目的に応じて適切な選択をすることが重要です。両者のメリット／デメリットを比較し、プロジェクトの要件に合ったボードを選択しましょう。

Pico Wを使うメリット

Raspberry Pi と Pico W を比較した場合、Pico W を選ぶメリットは次の5つです。

- 低価格
- 低消費電力
- コンパクト
- 起動が速い
- A/Dコンバーター内蔵

　事前に書き込んだプログラムを実行する場面においては、起動が速い Pico W が優位です。Raspberry Pi は OS を起動するのに時間がかかりますが、Pico W は電源を入れると即座に立ち上がりプログラムを実行します。

モデル	起動時間
Raspberry Pi Pico W	1秒未満
Raspberry Pi 4	30秒
Raspberry Pi Zero 2W	42秒

▲Pico W と Raspberry Pi シリーズ起動時間の比較（実測）

　Raspberry Pi の起動時間はモデルや OS の種類、使用する microSD などにより異なります。
　また、Pico W の大きな特徴の一つは A/D コンバーターを内蔵している点です。これは

Raspberry Pi にない Pico W の優位性といえます。A/D コンバーターとは「アナログ-デジタル
コンバーター」のことで、アナログ信号をデジタル信号に変換する機能を持ちます。

　例えば、光センサーの一種である CdS から出力される信号は、アナログ信号と呼ばれます。
アナログ信号はコンピュータが直接理解できる形式ではありません。このアナログ信号をコン
ピュータが理解し、活用できるようにするためには、A/D コンバーターを使用してデジタル信
号に変換する必要があります。A/D コンバーターを内蔵していない Raspberry Pi では、別途コ
ンバーターが必要になるため配線が煩雑になります。

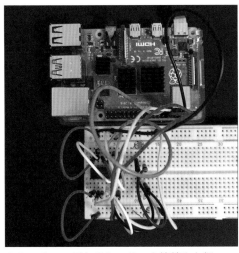

▲ Raspberry Pi に光センサーを接続した例

　A/D コンバーターを内蔵する Pico W は、別途コンバーターを準備する手間や複雑な配線が
不要です。この点において、Pico W は初心者でも取り扱いやすいマイコンボードといえます。

▲ Pico W に光センサーを接続した例

Pico Wを使うデメリット

　Pico Wが多くのメリットを提供する一方で、いくつかのデメリットもあります。Pico Wは比較的処理能力が低く、複雑な計算やデータ処理を必要とするタスクには向いていません。Raspberry Piはより高い計算能力を持ち、複雑なプログラムや多くの処理を同時に実行できます。さらに、Raspberry PiはOSを使用しているので、さまざまなソフトウェアや便利な機能を提供するためのコードの集まり（ライブラリ）を利用可能です。これにより、画像処理やAIなどの高度なプログラムを容易に実装できます。

　また、Pico Wは入出力端子の種類が限られているため、接続する外部機器の選択肢が少なく、多機能なプロジェクトへの対応が困難です。一方で、Raspberry PiにはUSBポートやHDMI出力、カメラモジュールの接続端子など、豊富な入出力端子が備わっています。これにより、さまざまな周辺機器を簡単に接続して機能を拡張できます。

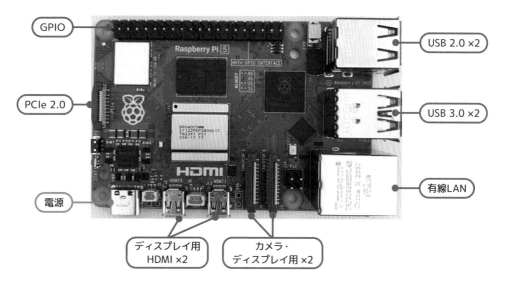

▲ Raspberry Pi 5 の入出力端子

目的に応じた適切な選択

Pico W と Raspberry Pi は、それぞれ異なる強みを持っています。目的に応じて適切なボードを選ぶことが重要です。シンプルなタスクや高速な起動を求めるプロジェクトには Pico W が、複雑な処理や多様な機能が必要な場面では Raspberry Pi が適しています。

Pico W
が向いている作品

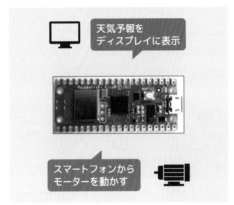

天気予報を
ディスプレイに表示

スマートフォンから
モーターを動かす

ラズパイ
が向いている作品

音声で操作する
ロボット

カメラが人を認識したら
定型文をしゃべらせる

Section
03

Pico Wを使用する
準備をしよう

Pico Wでプログラミングをするための準備を始めましょう。ここでは必要な機器の選び方、ファームウェアのインストール、そして開発環境の構築について解説します。

Pico Wを使い始めるために必要な機器

Pico Wを操作する前に、必要な機器を確認しましょう。Pico Wを使い始めるためには最低限以下のものが必要です。

- USBケーブル（Micro-USBタイプ）
- Pico Wと接続できるパソコン（Windows、Mac、Linuxのいずれでも可）
- インターネット環境（Wi-Fi）

USBケーブルは、Pico Wとパソコンを接続するために使います。Pico WはMicro-USB（Type-B）のコネクタを採用しているため、合致するケーブルを選びましょう。

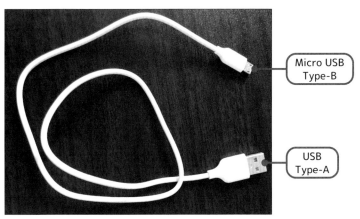

Micro USB
Type-B

USB
Type-A

▲ Micro-USB Type-Bケーブル

　Pico Wを操作するためのパソコンはWindows、Mac、LinuxのどのOSでも大丈夫です。ただし、Pico Wとの通信を確保するためのUSBポートがあることを確認してください。

　最後に、インターネット環境も必要となります。これはファームウェアやソフトウェアをダウンロードしたり、オンラインの情報を利用したりするために必要です。またPico Wの無線LAN機能を活用するために、自宅や作業場所でWi-Fiが使える環境があるかどうかも確認しておきましょう。

Pico Wで使用できるプログラミング言語

　Pico Wで使用できるプログラミング言語は3つあります。

- MicroPython
- C/C++
- CircuitPython

　本書ではMicroPythonを使用してPico Wの使い方を説明します。MicroPythonはプログラミング言語「Python」の軽量版で、シンプルで読みやすく、初心者でも扱いやすいことが特徴です。資料やプロジェクト例も充実しており、基礎学習から応用に至るまで幅広いサポートが提供されています。

　C/C++は一般的なプログラミング言語で、より高度な操作やパフォーマンスを求める場合に適しています。しかし、文法がやや複雑で、初心者には難易度が高いかもしれません。

　CircuitPythonはMicroPythonをベースに開発された言語です。さまざまなデバイスや部品のプログラミングを簡単にするためのライブラリ（便利なプログラムをまとめたもの）が豊富に用意されています。

MicroPythonファームウェアのインストール

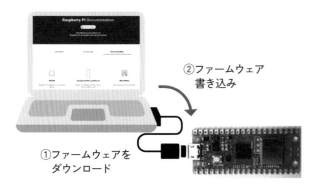

②ファームウェア
書き込み

①ファームウェアを
ダウンロード

　機器の準備ができたら早速作業を始めていきましょう。まずは Pico W をパソコンに接続して、ファームウェアを書き込みます。ここで言うファームウェアは、Pico W で MicroPython を使えるようにするためのソフトウェアのことです。

🐾 Pico Wとパソコンを接続する

　まず USB ケーブルを利用して、Pico W とパソコンを接続しましょう。このとき、Pico W の BOOTSEL ボタンを押しながらパソコンと接続するのがポイントです。先にパソコン側から接続しておくと、ボタンを押す操作が容易になります。

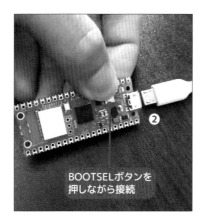

BOOTSELボタンを
押しながら接続

▲ USB ケーブルの接続方法

　BOOTSELボタンを押しながら接続することで、Pico Wはブートモードで起動し、外部ストレージとしてパソコンに認識されます。ブートモードとは、デバイスが特定の操作やファームウェアの書き込みを受け付ける状態を指します。ファームウェアのインストールが完了すれば、次回からはブートモードで接続する必要はありません。

　パソコンの画面でファイルマネージャー（Windowsの場合はエクスプローラー）を確認してみると、「RPI-RP2」という名称でPico Wが認識されているはずです。

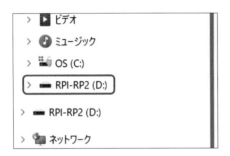

🐦 Pico WにMicroPythonのファームウェアを書き込む

　RPI-RP2の中身は以下のようになっています。「INDEX」というファイルを開きます。

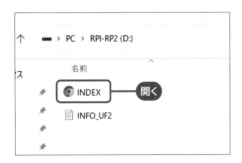

　ブラウザが立ち上がり、Raspberry Pi財団のウェブサイトが開きます。続いて「MicroPython」と書かれた部分をクリックします。

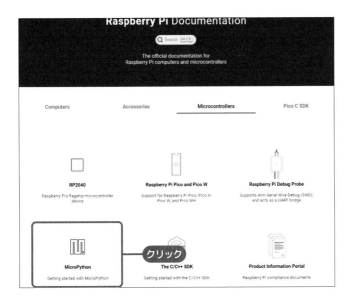

　画面を少し下にスクロールして、「Raspberry Pi Pico W」と書かれたリンクをクリックすると「RPI_PICO_W-20240105-v1.22.1.uf2」といった名称のファイルがパソコンにダウンロードされます。

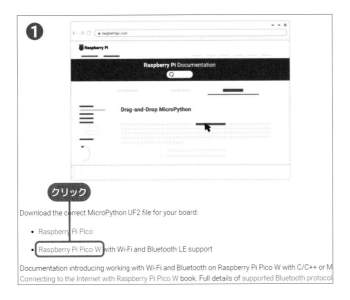

1

イントロダクション — Raspberry Pi Pico W 入門

ダウンロードしたuf2ファイルをRPI-RP2にドラッグアンドドロップします。

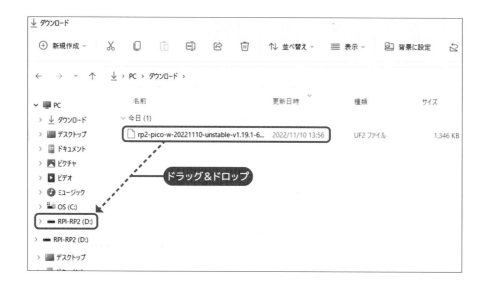

以上の操作で MicroPython ファームウェアの書き込みが完了しました。Pico W は MicroPython のプログラムを書き込める状態になっています。

開発環境の構築

プログラミングの準備として、パソコンにThonnyをインストールしましょう。Thonny は Python を扱うための開発ツールで、MicroPython のプログラム作成にも対応しています。Thonny を用いると、以下の操作がスムーズに行えます。

- プログラムの作成・編集
- プログラムの実行
- Pico W へのファイル書き込み

Thonny は、プログラムの作成や修正を容易に行えるソフトウェアです。ここで自由にコードを書き、アイデアを形に落とし込むことが可能です。作成したプログラムはその場で動かして結果を確認することができます。さらに、作成したプログラムを Pico W に転送し、保存することもできます。

🪛 パソコンにThonnyをインストールする

　　Thonnyは以下のウェブサイトからダウンロードできます。

- https://thonny.org

　　ウェブサイトを開いたら、お使いのパソコンのOSの名前部分にカーソルを合わせます。

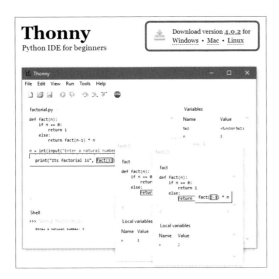

　使用中のパソコンの環境に合った項目をクリックすると、インストーラーがダウンロードされます。

　ダウンロードしたファイルをクリックして実行します。

　「Install for me only (recommended)」をクリックします。

インストーラーが開いたら、「Next」をクリックします。

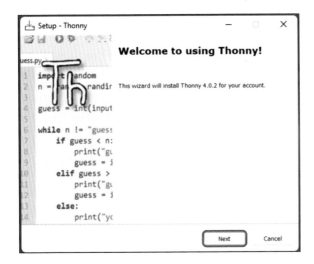

「I accept the agreement」にチェックを入れて、「Next」をクリックします。

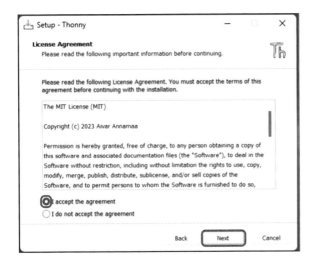

Thonnyをインストールするフォルダーを指定します。特別な事情がなければ、そのままの
フォルダーで問題ありません。

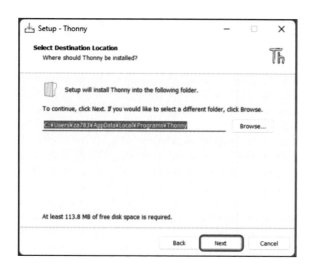

スタートメニューに表示される名前を確認します。そのまま「Next」をクリックしましょ
う。

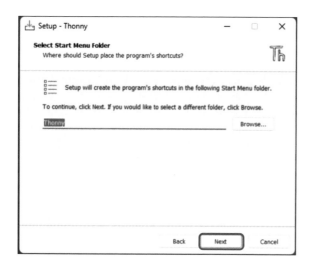

　「Create desktop icon」にチェックを入れると、デスクトップ画面に Thonny のショートカットアイコンを作成できます。

　「Install」をクリックすると、Thonny のインストールが開始されます。

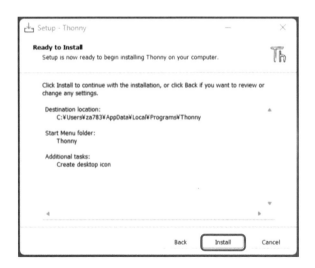

イントロダクション — Raspberry Pi Pico W 入門

以下の画面が表示されれば、インストール完了です。

インストールが完了したら、デスクトップのアイコンをクリックして Thonny を開いてみましょう。

最初に言語の選択画面が表示されます。Thonny は日本語に対応しており、この画面で選択することができます。「Initial settings」は Standard のままにします。

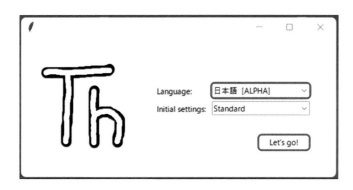

Thonnyで使用するプログラミング言語とデバイスを設定する

Thonnyを開いたら、Pico WおよびMicroPythonを使える状態にしましょう。
Thonnyの画面右下部分をクリックします。

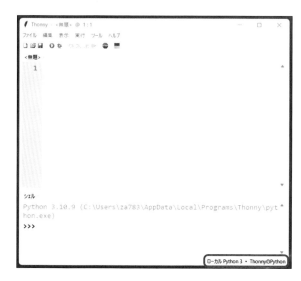

「MicroPython(Raspberry Pi Pico)」を選択します。

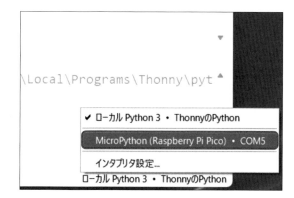

　以下のような表示になれば、プログラムの実行対象が Pico W に設定されています。
MicroPythonのコードを書いて、Pico Wで実行するための準備が整いました。

Chapter 2

Pico Wで
プログラミングに挑戦

初心者の方はプログラミングに不安を感じるかもしれませんが、大丈夫
です。難しいことをすべて覚える必要はありません。本書やインターネ
ット上には多数の完成されたプログラムが公開されており、いつでも参
考にすることができます。プログラミングの基礎スキルさえ習得すれ
ば、自分の想像を超えたレベルの作品制作も可能になることでしょう。
それを実現するための第一歩として、本章ではMicroPythonの基礎から
順に解説していきます。実際に手を動かしながら、プログラミングの感
覚を掴んでいきましょう。

MicroPythonの基本

まずは簡単なプログラムをThonnyで実行してみましょう。ここではThonnyを利用したMicroPythonプログラムの作成と実行方法を解説します。

プログラムを書いて実行してみよう

早速プログラミングをしていきます。以下のプログラムをThonnyへ入力してみましょう。

● test1.py

```python
print("Hello world")
```

上部のエリアにプログラムを入力します。

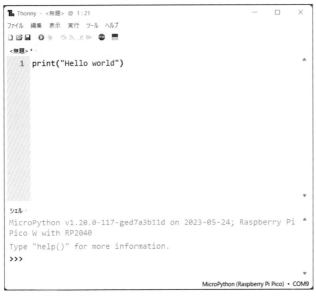

▲ プログラムの入力

　プログラムを入力できたら、実行してみましょう。プログラムの実行は緑のボタンを押します。

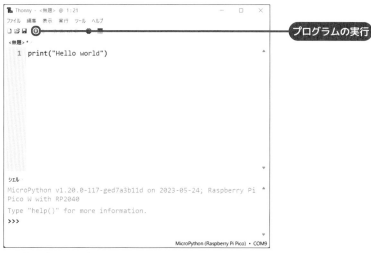

▲ プログラムの実行

　すると、画面下部のシェルウィンドウに「Hello world」が表示されます[1]。これが最も簡単なプログラムの動作です。

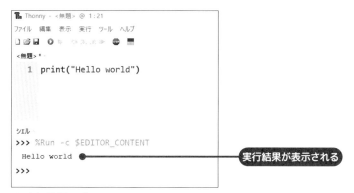

▲ 実行結果の表示

2

Pico Wでプログラミングに挑戦

1：Thonny のバージョンによっては、「MPY: soft reboot」のような追加のメッセージが表示されます。

print("Hello world")は「"Hello world"というメッセージ（文字列）を表示して」という命令のプログラムです。プログラム中で文字列を記述する場合は、ダブルクォーテーション（" "）またはシングルクォーテーション（' '）で囲むルールがあります。

「Hello world」の表示はPico Wでの環境設定が成功し、プログラムが正しく動作した証拠です。この小さな成功体験は、プログラミング学習の記念すべき第一歩といえます。これから学ぶことへの楽しみや期待を、この一歩から感じていただけたら嬉しいです。

MicroPythonのエラー

プログラムを実行するとき、シェルウィンドウにエラーメッセージが赤い文字で表示されることがあります。プログラミングではよくあることですので、驚かないでください。

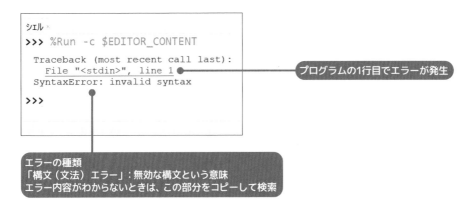

```
シェル ×
>>> %Run -c $EDITOR_CONTENT
Traceback (most recent call last):
  File "<stdin>", line 1 ●────────── プログラムの1行目でエラーが発生
SyntaxError: invalid syntax

>>>
```

エラーの種類
「構文（文法）エラー」：無効な構文という意味
エラー内容がわからないときは、この部分をコピーして検索

▲ エラー表示

エラーが出たら、まずは落ち着きましょう。次にエラーメッセージを読んで、どの部分が問題を引き起こしているのかを理解し、それを修正します。英文がわからなければ、Google翻訳などを利用するのもよいでしょう。

プログラミングは試行錯誤の連続であり、エラーとの向き合い方も重要なスキルのひとつです。もしエラーが解消しない場合でも心配はいりません。多くのプログラマーが同じようなエラーに遭遇し、それを解決するための情報がネット上に溢れています。エラーを解決するたびに新しい学びがあり、スキルが身についていくものです。

どうしてもエラーが解決しない場合は、一旦諦めるのもひとつの手です。ふとした時に別の方法を思いつき、結果的によりよい形で目的が達成できることもあります。

Section 02 電子工作における プログラミングの基本要素

簡単な電子工作をするうえでは、そこまで高度なスキルは不要です。実際に作品を作りながらプログラミングを学んだ方が、楽しく理解を深められます。ここでは、プログラミングの基本要素を厳選して説明します。

変数

先ほど、「Hello world」を画面に表示するコードを紹介しました。この"Hello world"という文字列を、何度も繰り返し使うような場面があったとします。そのための便利な機能が「変数」です。

「Hello world」を表示するプログラムで変数を使ってみましょう。

● test2.py

```
message = "Hello world"
print(message)
```

実行すると、「Hello world」が表示されます。コードを見ていきましょう。

message = "Hello world"という部分で、message という名前の変数を作ります。作成した変数の中にデータを保存できます。

message = "Hello world"
（変数名）　　　　　　　　（データ）

▲ 変数の定義

変数名とその変数に保存したいデータは、イコール（=）記号を使って並べます。イコールの右側に保持したいデータを配置することにより、変数 message の中に"Hello world"が保存されました。

　変数名は、その役割や用途が直感的に理解できるものを選びます。これは後から見た時にすぐ理解できるためです。例えば、motor_speed や temperature などの名前は一目でその変数が何を示すのかを理解できます。こういった変数名を用いることで、よりスムーズに作業を進めることができるでしょう。

　変数のメリットは、それが何度でも利用できるという点にあります。例えば以下のように「Hello world」を3回表示させるコードがあったとします。

● test3.py

```
message = "Hello world"
print(message)
print(message)
print(message)
```

```
シェル ×
>>> %Run -c $EDITOR_CONTENT
  Hello world
  Hello world
  Hello world

>>>
```

　後から「Hello world」を「Hello Japan」に変更したいとき、先頭の"Hello world"を"Hello Japan"に変更するだけで、表示される内容も一度に変わります。

● test4.py

```
message = "Hello Japan"
print(message)
print(message)
print(message)
```

　もし変数を使っていなかったら、3か所すべての文字を world から Japan に変える必要があり、面倒に感じることでしょう。

　変数は値を保持し、その値をプログラムのどこからでも参照できます。これにより、同じ値を何度も使うことができます。

　また、変数はプログラム開始時にはまだ確定していない「未確定の値」を扱う際に力を発揮します。未確定の値とは、プログラムが動いている途中で決まる値のことです。これには、ユーザーの入力や外部からのデータ、電子工作であればセンサーからの読み取り値などが含まれます。

　たとえば、温度センサーからの値をプログラムで扱う場合、その値はプログラムが実行されている間に変わる可能性があります。このような変動する値を変数に保存することで、プログラムは柔軟に対応できるようになります。つまり、変数を使うことで、未来のどんな値でも処理できる汎用性の高いプログラムが作成可能です。

```
1  import machine
2
3  sensor_temp = machine.ADC(4)
4  conversion_factor = 3.3 / (65535)
5
6  reading = sensor_temp.read_u16() * conversion_factor
7  temp = 27 - (reading - 0.706)/0.001721
8
9  print(temp)
```

変数「temp」に温度センサーの読み取り値を入れる

```
シェル
>>> %Run -c $EDITOR_CONTENT
  24.70368
```

温度が表示される

▲ 温度センサーの数値を表示する

関数

　変数に似た概念として、「関数」があります。関数は特定の操作を実行するためのコードをまとめたものです。変数と同様に、名前を設定することで何度でも呼び出すことができます。

　変数と関数は次のように説明すると、理解が容易になるはずです。

- 変数：特定の値やデータを保管するためのもの
- 関数：特定の操作を実行するために用いるコードの集まり

　先ほどの「Hello world」を表示するプログラムを関数にして使ってみましょう。

● **test5.py**

```python
def say_hello():
    message = "Hello world"
    print(message)


say_hello()
```

上記を実行すると、画面に「Hello world」と表示されます。

def say_hello():は、これから say_hello という名前の関数を作ることをコンピュータに伝えるためのコードです。これをプログラミングでは「関数の定義」と呼びます。

関数の定義は def で始め、それに関数名、括弧()、コロン:が続く形です。関数名は変数と同じく、好きな名前を付けられます。次の行からは関数で実際に何の操作をするかを書きます。

関数内の各行は先頭に半角スペースを4つ入れます。Thonny を使用している場合、関数を定義した後に改行すると、自動で次の行の先頭にスペースが加えられます。

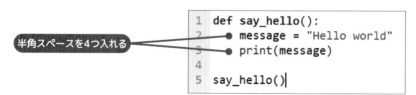

▲ 関数の書き方

Python ではこのようなスペースが重要な意味を持つので、注意しましょう。

最後のsay_hello()では、上記で定義したsay_hello関数を呼び出しています。関数を定義しただけでは何も起こりませんが、この行により先ほど定義した"Hello world"を表示する処理が実行されます。

関数を使用すると、複雑な処理でも1行で表現できるようになります。また、その名前から処理内容を推測できるため、コードの読みやすさが大幅に向上します。

コメントの使い方とその効果

MicroPythonでは、#から始まる行はプログラムに影響を与えず、メモのように記述できます。このようなメモは「コメント」と呼ばれており、自分が何のコードを書いたか、そのコードの動作内容や目的を後から確認するのに役立ちます。

```
Thonny - <無題> @ 6:12
ファイル  編集  表示  実行  ツール  ヘルプ

<無題> *
  1  #メッセージを表示するための関数          ← プログラムは#から始まる
  2  def say_hello():                           行を無視する
  3      message = "Hello world"
  4      print(message)
  5
  6  say_hello()

シェル
>>> %Run -c $EDITOR_CONTENT
 Hello world
>>>
```

▲ コメントの例

コメントはコードの一部を一時的に無効にする目的でも使えます。これはエラー対応の過程で特に便利です。一部のコードが問題を引き起こしているかどうかを確認するために、そのコードを無効にして他の部分が問題なく動作するかを確認できます。

2

Pico Wでプログラミングに挑戦

43

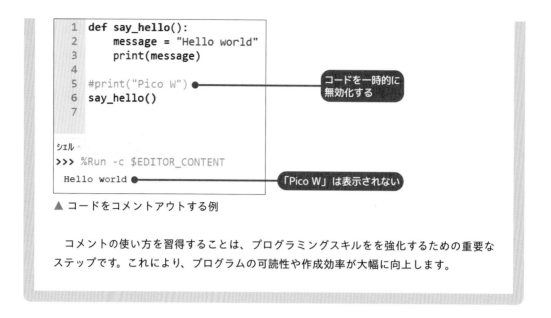

```
1  def say_hello():
2      message = "Hello world"
3      print(message)
4
5  #print("Pico W")          ●————  コードを一時的に
6  say_hello()                      無効化する
7
```

シェル
```
>>> %Run -c $EDITOR_CONTENT
Hello world  ●————  「Pico W」は表示されない
```

▲ コードをコメントアウトする例

　コメントの使い方を習得することは、プログラミングスキルをを強化するための重要な
ステップです。これにより、プログラムの可読性や作成効率が大幅に向上します。

繰り返し処理

　繰り返し処理は、一定の操作を何度も行うためのプログラミングの基本技術です。電子工作
において、繰り返し処理は頻繁に使用されます。例えば、LEDを点滅させるプログラムでは、
「LEDの点灯」と「LEDの消灯」という処理を交互に繰り返しています。
　先ほどの「Hello world」のメッセージ表示で、「繰り返し処理」を試してみましょう。

● test6.py

```
def say_hello():
    message = "Hello world"
    print(message)


while True:
    say_hello()
```

　上記を実行すると、連続して画面に「Hello world」が表示されます。この繰り返しを停止
させる時は、停止ボタンを押しましょう。

　while True:は、処理を無限に繰り返すための記述です。次の行以降には、繰り返したい処理を書きます。ここでも半角スペースを4つ入れます。

　Pico Wの処理は非常に高速であるため、time.sleep関数を使って速度を調整するのが一般的です。time.sleep関数は指定した時間だけプログラムの実行を一時停止させます。

　time.sleep関数を追加して、実行結果がどのように変わるのかを確認してみましょう。

● **test7.py**

```python
import time

def say_hello():
    message = "Hello world"
    print(message)

while True:
    say_hello()
    time.sleep(1.0)
```

　上記を実行すると、画面に「Hello world」が1秒ごとに表示されます。

　import timeではtimeモジュールを使う準備をします。モジュールとは、よく使う機能をまとめたものです。timeモジュールは時間に関する多様な機能を持っています。ここで「timeモジュールを使いますよ」という宣言をすることで、最終行のtime.sleep関数が使えるようになります。time.sleep(1.0)のうち、time.という部分は、timeモジュールに入っている関

数を呼び出すためのコードです。

sleep(1.0)は、プログラムの実行を指定した時間（1.0秒）だけ停止します。この1.0という数値を引数（ひきすう）と呼びます。引数は関数に情報を渡すためのもので、この場合time.sleep関数に「何秒間待つか」を教えています。

つまりこのコードは、「Hello world」を表示したあと1秒間待つという動作を無限に繰り返します。

条件分岐

プログラミングにとって外せない基本要素のひとつが条件分岐です。条件分岐を使えば、ある条件が満たされた場合に、指定した処理をさせるプログラムが作れます。

先ほどの「Hello world」のメッセージ表示を、今度は「ある条件を満たしたときだけ表示するプログラム」に変えてみましょう。

● test8.py

```python
import time

counter = 0

while True:
    print(counter)

    if counter >= 5:
        print("Hello world")
    counter = counter + 1

    time.sleep(1.0)
```

上記のコードを実行すると、0から始まり1ずつ増える数を表示し、その数が5以上になったときに「Hello world」を表示します。

```
 1  import time
 2
 3  counter = 0
 4
 5  while True:
 6      print(counter)
 7
 8      if counter >= 5:
 9          print("Hello world")
10
11      counter = counter + 1
12
13      time.sleep(1.0)

シェル
>>> %Run -c $EDITOR_CONTENT

 0
 1
 2
 3
 4
 5
Hello world
```

▲ 条件分岐の実行結果

　counter = 0ではcounterという名前の変数を作り、その初期値を0に設定しています。

　while True:以降の繰り返し処理では、まずprint(counter)でcounterの現在の値を表示します。

　if counter >= 5:は「もしcounterの値が5以上なら」という条件分岐です。この条件が満たされた場合、その次の行のprint("Hello world")が実行されます。ここでもコードの先頭に半角スペースを4つ分開ける点に注意が必要です。また、counterの値が5より小さい場合はprint("Hello world")の処理はスキップされます。

　次にcounter = counter + 1で、counterの値に1を足しています。これにより、繰り返し処理が一周するたびにcounterの値が1ずつ増えます。

　>=のような記号は比較演算子と呼ばれています。MicroPythonの条件分岐では、比較演算子を用いて特定の条件を設定します。主な比較演算子とその説明は以下の通りです。

2

Pico Wでプログラミングに挑戦

比較演算子	説明
==	等しい
!=	等しくない
<	より小さい
>	より大きい
<=	以下
>=	以上

▲比較演算子

　条件分岐は電子工作のプログラミングでも頻繁に利用されます。例えば、温度センサーで室温を測定し、一定の温度を超えた際にLEDを点灯させる警報装置は、条件分岐を活用して作成します。

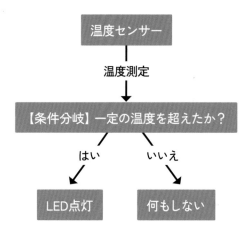

▲ 条件分岐の活用例

Section 03 プログラミングで Pico Wを操作しよう

いよいよ実践的なステップへと進みます。Pico W本体にはLED、ボタン、温度センサーといったプログラムで制御可能な機能を備えています。これらを活用して、具体的な操作を体験していきましょう。

基板上のLEDを点滅させる

Pico Wの基板には、プログラミングで制御可能なLEDが搭載されています。このLEDを点滅させる基本的なプログラムを作ってみましょう。

プログラムで制御できるLED

● led_test.py

```python
from machine import Pin
import time

led = Pin("LED", Pin.OUT)

while True:
    led.on()
```

```
time.sleep(1)
led.off()
time.sleep(1)
```

プログラムを実行すると、LEDが1秒間隔で点滅します。電子工作の世界では、これを「Lチカ」と呼びます。

Lチカは初学者が最初に取り組む定番のプログラムです。詳細を解説します。

最初の2行では、必要なモジュールをインポートしています。machineモジュールはハードウェアの制御を、timeモジュールは時間の計測や待機を行います。

led = Pin("LED", Pin.OUT)という行では、"LED"という名前のピンを出力モードで初期化しています。これを使ってLEDを制御します。

while True:というコードで無限ループを開始します。この中に書かれたコードは何度も繰り返し実行されます。

led.on()でLEDを点灯させ、time.sleep(1)で1秒間待ちます。次にled.off()でLEDを消灯させ、time.sleep(1)で1秒間待ちます。これらの処理を繰り返すことにより、LEDが点滅します。

LEDが光った瞬間、心が揺さぶられるような感覚を覚えたのではないでしょうか。自分の書いたコードで現実のモノを動かす喜び。これが電子工作の楽しさで、そのワクワク感がさまざまな作品に挑戦する力になります。

PicoとPico WではLEDを点滅させるコードが違う

　Pico WでLEDを点滅させる方法は、Wi-Fi機能の付いていない普通のPicoと異なります。その理由は、基板上のLEDの接続方法が異なるからです。

　普通のPicoでは、LEDはGPIO25番ピンに接続されていますが、Pico WではLEDが無線チップに接続されています。

　以下はPicoでLEDを点滅させるプログラムです。

● pico_led_test.py

```python
from machine import Pin
import time


led = Pin(25, Pin.OUT)


while True:
    led.on()
    time.sleep(1.0)
    led.off()
    time.sleep(1.0)
```

　Pico WではPin("LED", Pin.OUT)で無線チップに接続されているLEDを制御しましたが、PicoではPin(25, Pin.OUT)でGPIO25番ピンに接続されているLEDを制御します。

2

Pico Wでプログラミングに挑戦

🐾 プログラムをPico Wに保存する

　Pico Wにプログラムを保存して自動的に実行させる方法を解説します。プログラムを保存する際に「main.py」という名前を付けると、Pico Wの電源を入れたときにプログラムが実行されます。

　一方、「main.py」以外の名前を付けることで、Pico Wに複数のプログラムを保存できます。この場合、自分の好きな名前を付けられますが「led_test.py」などといった、何のプログラムなのかがすぐにわかる名前を付けるとよいでしょう。また、拡張子の「.py」を忘れないように注意してください。

　ここからは先ほどのLEDを点滅させるプログラムを「main.py」として保存し、いつでも簡単に起動できるようにする方法を見ていきましょう。

　ウィンドウ上部の「保存」ボタンをクリックします。プログラムの実行中に保存操作を行うことはできません。実行している場合は、「停止」ボタンを押してプログラムを止めてください。

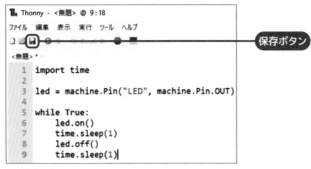

▲ 保存ボタン

　次に、保存先の選択画面で「Raspberry Pi Pico」を選択します。

▲ 保存先の選択

　ファイル名「main.py」を入力し、「OK」をクリックすれば、保存が完了します。

▲ 名前を付けて保存

　プログラムが保存できているか確認してみましょう。まず、Thonnyの画面上部の「ファイルを開く」ボタンをクリックします。

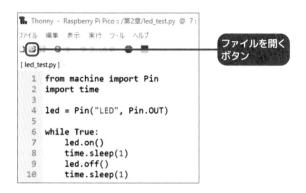

　次に、保存先の選択画面で「Raspberry Pi Pico」を選択します。

▲ Pico を選択

　以下の画面のように「main.py」が表示されれば、Pico W にプログラムが保存できています。

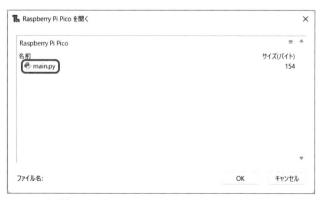

▲ Pico を選択

2

Pico W でプログラミングに挑戦

🦴 プログラムの自動起動を確認しよう

　Pico Wの電源を入れたときに、自動でプログラムが実行されることを確認します。パソコンからPico Wを一度外し、今度はBOOTSELボタンを押さずに再度接続してみましょう。

▲ 自動起動の確認

　するとLEDが自動的に点滅を始めます。BOOTSELボタンを押さずに接続すると、Pico Wは通常の動作モードになり、保存されているmain.pyのプログラムが自動的に実行されます。

　Pico Wは、Micro-USB（Type-B）対応のACアダプターを使用して起動できます。電流は1A（1000mA）以上の出力があれば動作します。ただし、接続する機器（センサーやモーターなど）によっては、より高い電流が必要になる場合もあります。

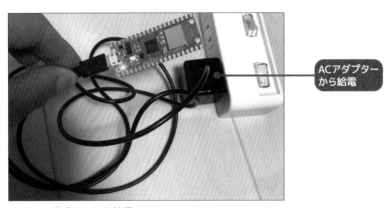

ACアダプター
から給電

▲ ACアダプターから給電

　パソコンに繋がっていなくても、LED点滅が自動で実行されます。Pico W本体にプログラムが書き込まれていることが実感できるはずです。

またPico Wは電池でも駆動します。以下は単3電池2本で給電した例です。

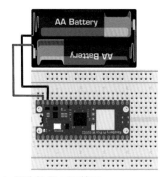

▲ 電池給電の配線図

電池給電を利用することで、コンセントの場所を気にする必要がなくなります。これにより、使用場所の自由度が高まり、利便性が格段にアップします。

🐾 パソコンに再接続する方法

Pico Wを一度パソコンから外して再度接続した場合、ThonnyがPico Wを認識しないことがあります。この場合はThonnyの「プログラム停止」ボタンを押すか、Thonny自体を再起動してください。これらの操作を行うことで、ThonnyはPico Wを認識し、プログラミング作業を開始できるようになります。

▲ プログラミングの再開

　シェルウィンドウに以下のような表示が出れば、Pico W でプログラミングができる状態になっています。

```
シェル
MicroPython v1.19.1-1019-g9e6885ad8 on 2023-04-
22; Raspberry Pi Pico W with RP2040
Type "help()" for more information.
>>>
```

▲ Pico W の接続表示

基板上のボタン操作を読み取る

　Pico W の「BOOTSEL ボタン」は本来、ブートモードを切り替える目的で使用されます。しかし、このボタンが押されているか否かをプログラムから読み取ることが可能です。

▲ BOOTSEL ボタン

　BOOTSEL ボタンを活用することで、電子工作プロジェクトへのボタン操作の追加がスムーズになります。これにより、ボタンを押すとスマホに通知が送られるようなシステムの構築も容易です。別途タクトスイッチ等の準備が不要となるため、利便性が向上します。

　ここでは、ボタンを押すと基板上の LED が点灯するプログラムを作ってみましょう。

● bootsel_test.py

```python
from machine import Pin
import time

led = Pin("LED", Pin.OUT)

while True:
    if rp2.bootsel_button() == 1:
        led.on()
    else:
        led.off()

    time.sleep(0.1)
```

　プログラムを実行してみましょう。ボタンを押すとLEDが点灯して、ボタンを離すとLEDが消灯するはずです。

▲ BOOTSEL ボタンで LED 点灯

　led = Pin("LED", Pin.OUT)の部分では、LEDを制御するための設定を行っています。

　while True:以降の繰り返し処理を見ていきましょう。まず最初にif rp2.bootsel_button() == 1:という条件分岐のコードがあります。ここで使われているrp2.bootsel_button関数はBOOTSELボタンの状態を取得するためのものです。ボタンが押されている場合には1を、押されていない場合には0を返します。

　上記のif文が真の場合（ボタンが押された場合）は、led.on()が実行されてLEDが点灯します。

else:の行は上記のif文が偽の場合（ボタンが押されていない場合）に実行されるコードの始まりを示します。ボタンが押されてない場合はled.off()が実行されて、LEDが消灯します。

温度センサーの数値を取得する

Pico Wのマイコンチップ「RP2040」には温度センサーが内蔵されています。この温度をプログラムで取得してみましょう。

温度センサー内蔵の
RP2040

▲ 温度センサー

● **temp_test.py**

```python
from machine import ADC
import time

sensor_temp = ADC(4)
conversion_factor = 3.3 / 65535

while True:
    ADC_voltage = sensor_temp.read_u16() * conversion_factor
    temp = 27 - (ADC_voltage - 0.706) / 0.001721
    temp = round(temp, 1)
    print(temp)

    time.sleep(1)
```

　上記のプログラムを実行すると、Pico Wの温度が1秒おきに表示されます。

```
シェル
29.9
29.9
28.9
28.9
29.9
29.9
28.9
29.4
29.9
29.9
```

　Pico Wに内蔵された温度センサーは、室温よりも高い値を示す傾向にあります。これは、センサーがチップから放出される熱の影響を受けるためです。このコードはおおよその温度計測には十分ですが、正確な温度を知りたい場合は、より詳細な設定や調整が必要です。

　プログラムの中身を見ていきましょう。sensor_temp = ADC(4)という行では、A/Dコンバーターを使用して、温度センサーの値を読み取るための設定をしています。4は温度センサーに接続されたA/Dコンバーターのチャンネル番号です。

　RP2040チップ内の温度センサーは、温度変化に応じて滑らかに変動する電圧（アナログ信号）を出力します。しかし、Pico Wはアナログ信号を直接扱えません。このため、センサーからの電圧をPico Wが理解できるデジタル信号に変換する必要があります。これがA/Dコンバーターの役割です。

　conversion_factor = 3.3 / 65535では、A/Dコンバーターから得られる数値を電圧に変換するための係数を設定しています。センサーの値にこの係数をかけると、電圧に換算できます。ここで、3.3はRP2040の電源電圧を指し、65535は16ビットで表せる最大値を指します[1][2]。

　続いてwhile True:の部分から繰り返し処理が始まります。まず、ADC_voltage = sensor_temp.read_u16() * conversion_factorでセンサーからの読み取り値を電圧に変換します。

1：RP2040のA/Dコンバーターの解像度は12ビットなので、内部的には0～4095の値を出力しています。しかし、MicroPythonでは16ビットに変換され、0～65535の値が返されます。

2：16ビットとはデータを表現する際に、16個のビット（0か1の値）を使用することを意味します。コンピュータはこれらのビットを使ってデータを処理します。16ビットの場合、2の16乗（65536）通りの値を表現できますが、0を含むため最大値は65535になります。

　RP2040のデータシートによると、この温度センサーは27℃で0.706Vの基準電圧を出力し、温度が1℃上昇するごとに1.721mVずつ減少します。この情報をもとに実際の温度を計算できます。まずセンサーから得られた電圧 ADC_voltage と基準電圧0.706Vの差を求めます。この差を1.721mV（0.001721V）、つまり温度が1℃変化するたびにセンサー電圧が変化する量（比例定数）で割ることで、基準温度27℃からの温度差を計算できます。最後に、この温度差を27℃から引くことで、現在の温度を求めることができます。式で表すと 27 - (ADC_voltage - 0.706)/0.001721 となります。

　計算された温度を round(temp, 1) で小数点第一位まで丸めて、print(temp) で表示しています。

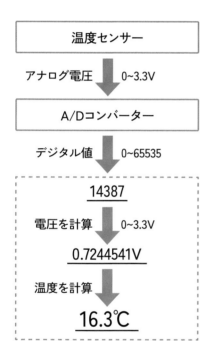

Pico WのWi-Fi機能を使ってみよう

Wi-Fi機能を利用したプログラミングに挑戦します。Pico Wを活用したIoT（Internet of Things）デバイス作りの基礎を身につけましょう。

Wi-Fiに接続する

プログラミングを始める前に、自宅のWi-FiのSSIDとパスワードを確認しておきましょう。ここでは、2.4GHz帯のWi-Fiを使用します。Pico Wは5GHz帯のWi-Fiには対応していないので注意してください。

次のプログラムは、Pico WをWi-Fiに接続し、その接続が成功したかどうかを確認するためのものです。5行目と6行目に自身が利用するWi-FiのSSIDとパスワードを入力してください。

● wifi_connection.py

```python
import time
import network

# 自宅Wi-FiのSSIDとパスワードを入力
ssid = "YOUR NETWORK SSID"
password = "YOUR NETWORK PASSWORD"

# Wi-Fi設定
wlan = network.WLAN(network.STA_IF)
wlan.active(True)
wlan.connect(ssid, password)

max_wait = 10
while max_wait > 0:
    if wlan.status() < 0 or wlan.status() >= 3:
        break
```

```
    max_wait -= 1
    print("接続待ち...")
    time.sleep(1)
if wlan.status() != 3:
    raise RuntimeError("ネットワーク接続失敗")
else:
    print("接続完了")
    status = wlan.ifconfig()
    print("IPアドレス = " + status[0])
```

```
[ wifi_connection.py ]
1  import time
2  import network
3
4  #自宅Wi-FiのSSIDとパスワードを入力
5  ssid = "YOUR NETWORK SSID"
6  password = "YOUR NETWORK PASSWORD"
7
8  # Wi-Fi設定
```
SSIDとパスワードを
変更する

▲ Wi-Fiの情報を入力

まず、自宅の Wi-Fi ネットワークの SSID とパスワードを変数 ssid と password に代入します。次に、network.WLAN(network.STA_IF)を用いて Wi-Fi 通信の設定を行います。その後、wlan.active(True)で Wi-Fi 機能をオンにし、wlan.connect(ssid, password)により、先に設定したSSID とパスワードを使用して Wi-Fi ネットワークへ接続を試みます。

接続プロセスの完了を待つため、wlan.status()を用いて最大 10 秒間 Wi-Fi の状態をチェックします。10 秒経っても接続が確立されない場合、「ネットワーク接続失敗」と表示され、プログラムは終了します。

接続が成功した場合は、以下のように表示されます。

```
シェル
>>> %Run -c $EDITOR_CONTENT
   接続待ち...
   接続待ち...
   接続待ち...
   接続待ち...
   接続待ち...
   接続完了
   IPアドレス = 192.168.1.72
>>>
```

▲ Wi-Fi に接続

　シェルウィンドウにPico WのIPアドレスが表示されます。IPアドレスはネットワークにおける「住所」のようなものです。家の住所が郵便物を正確に配達するために必要なように、IPアドレスはネットワーク上で情報を送受信するために重要な役割を果たします。

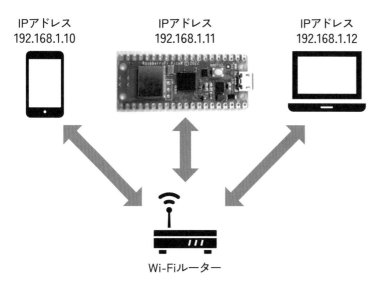

▲ IPアドレスのイメージ

　IPアドレスはWi-Fiルーターによって自動的に割り当てられます。Pico Wだけでなく、Wi-Fiに接続されているパソコンやスマートフォンにも、それぞれ固有のIPアドレスが割り振られています。

Pico W本体のLEDを遠隔操作で点灯させる

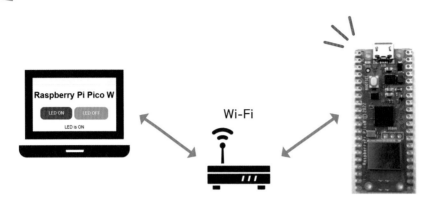

Wi-Fi機能を活用すれば、パソコンやスマートフォンなどのデバイスとPico Wとの間でデータ送受信ができます。同じWi-Fiに接続した手元のデバイスからPico Wにアクセスして、基板上のLEDを点けたり消したりしてみましょう。そのためのプログラムを以下に示します。

● **wifi_led_control.py**

```python
from machine import Pin
import time
import network
import socket

# Wi-Fiへの接続
def connect_to_wifi(ssid, password):
    wlan = network.WLAN(network.STA_IF)
    wlan.active(True)
    wlan.connect(ssid, password)

    max_wait = 10
    while max_wait > 0:
        if wlan.status() < 0 or wlan.status() >= 3:
            break
        max_wait -= 1
        print("接続待ち...")
        time.sleep(1)
```

```
    if wlan.status() != 3:
        raise RuntimeError("ネットワーク接続失敗")
    else:
        print("接続完了")
        status = wlan.ifconfig()
        print("IPアドレス = " + status[0])


# 自宅Wi-FiのSSIDとパスワードを入力
ssid = "YOUR NETWORK SSID"
password = "YOUR NETWORK PASSWORD"


# Wi-Fiに接続
connect_to_wifi(ssid, password)


# HTMLでウェブページを作成
html = """
<!DOCTYPE html>
<html>
<head>
  <meta name="viewport" content="width=device-width, initial-scale=1">
  <style>
    html {
        font-family: Helvetica;
        text-align: center;
    }
    button {
      color: white;
      padding: 15px 32px;
      font-size: 16px;
      margin: 4px 2px;
      cursor: pointer;
      border: none;
      border-radius: 15px;
    }
    .green { background-color: #f44336; }
    .red { background-color: #00BFFF; }
    button, form { display: inline-block; text-align: center; }
  </style>
```

```
  </head>
  <body>
    <h1>Raspberry Pi Pico W</h1>
    <form>
      <button class="green" name="led" value="on" type="submit">LED ON</button>
      <button class="red" name="led" value="off" type="submit">LED OFF</button>
    </form>
    <p>%s</p>
  </body>
</html>
"""


# LEDのピンを設定
led = Pin("LED", Pin.OUT)


# LEDの状態を初期化
ledState = "LED State Unknown"


# ソケットの設定を開始
addr = socket.getaddrinfo("0.0.0.0", 80)[0][-1]
s = socket.socket()
s.setsockopt(socket.SOL_SOCKET, socket.SO_REUSEADDR, 1)
s.bind(addr)
s.listen(1)
print("listening on", addr)


# クライアントからの接続を待つ
while True:
    try:
        # クライアントからの接続を受け付ける
        cl, addr = s.accept()
        print("client connected from", addr)

        # クライアントからのリクエストを受け取る
        request = cl.recv(1024)
        request = str(request)

        # リクエストからled=onとled=offの位置を検索
```

```
    led_on = request.find("led=on")
    led_off = request.find("led=off")

    # led=onやled=offの文字列の位置によりLEDを制御
    if led_on == 8:
        print("led on")
        led.on()  # LEDを点灯
    if led_off == 8:
        print("led off")
        led.off()  # LEDを消灯

    # LEDの現在の状態を設定
    ledState = "LED is OFF" if led.value() == 0 else "LED is ON"

    # レスポンスを作成し、クライアントに送信
    response = "HTTP/1.0 200 OK\r\nContent-type: text/html\r\n\r\n" + (html % ledStat
e)
    cl.send(response)
    cl.close()

# エラーが発生した場合、クライアントとの接続を閉じる
except OSError as e:
    cl.close()
    print("connection closed")
```

　プログラムを解説します。connect_to_wifiは先ほどのWi-Fiに接続するプログラムを関数にまとめたものです。Pico WでWi-Fi機能を使うときには、毎回このコードが必要となります。

　次に「HTML」と呼ばれるウェブページの設計図となるものを作成します。このHTMLはLEDの現在の状態を表示し、LEDを点けたり消したりするボタンを持つウェブページです。

　通信の準備をして、パソコンなどのデバイス（クライアント）からの接続を待ちます。接続があると、クライアントからの要求（リクエスト）を受け取り、その中に「LEDを点ける」か「LEDを消す」命令があるかを見ます。それによってLEDの状態を変更し、その変化をウェブページに表示します。これらの一連の操作を繰り返すことで、何度でもLEDを点けたり消したりすることが可能となります。

　プログラムを実行したら、同じWi-Fiに接続したパソコンからPico Wにアクセスしてみまし

ょう。まず、パソコンでブラウザを開きます。ブラウザの種類はChromeでもEdgeでも、お好きなものを使って構いません。開いたブラウザのアドレスバーに、Pico WのIPアドレスを入力してください。

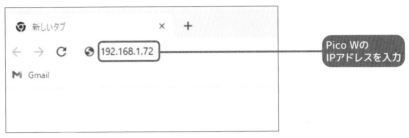

▲ IPアドレスを入力

　接続に成功すると、ブラウザに以下の画面が表示されます。これはPico Wが生成するウェブページです。このページが表示されたことは、パソコンとPico Wとの通信が確立されたことを意味します。

▲ Pico Wが生成するウェブページ

　「LED ON」や「LED OFF」のボタンをクリックすると、Pico WのLEDが点灯したり消えたりします。同じWi-Fiにつながっていれば、スマートフォンやタブレットのブラウザからもアクセス可能です。

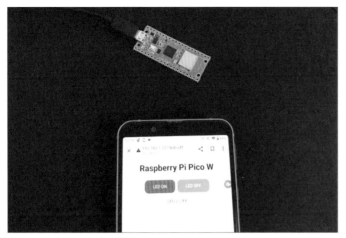

▲ スマートフォンから操作

　ただし、この操作は同一のローカルエリアネットワーク内でのみ有効です。外出先などから Pico Wにリモートアクセスしたい場合は、本書のChapter 6をご覧いただき、そこで説明する 手順を参考にしてください。

温度センサーの数値を遠隔監視する

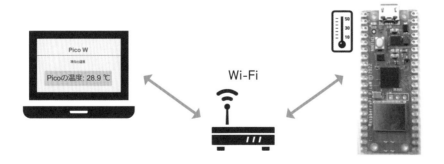

　今度はPico Wの温度センサーの数値をウェブページに表示してみましょう。

● wifi_temp_monitor.py

```python
from machine import ADC
import time
import network
import socket

# Wi-Fiへの接続
def connect_to_wifi(ssid, password):
    → 64ページ参照

# 自宅Wi-FiのSSIDとパスワードを入力
ssid = "YOUR NETWORK SSID"
password = "YOUR NETWORK PASSWORD"

# Wi-Fiに接続
connect_to_wifi(ssid, password)

html = """
<!DOCTYPE html>
<html>
<head>
    <meta charset="UTF-8">
    <title>Pico W</title>
    <style>
        body {
            font-family: Arial, Helvetica, sans-serif;
            background-color: #e0e0e0;
            color: #333;
            text-align: center;
            padding: 50px;
        }
        h1 {
            color: #008080;
            border-bottom: 1px solid #333;
            padding-bottom: 10px;
        }
        .temp {
            font-size: 2.5em;
```

```
            color: #333;
            background-color: #ffc107;
            padding: 10px;
            border-radius: 5px;
            display: inline-block;
            margin-top: 20px;
        }
    </style>
</head>
<body>
    <h1>Pico W</h1>
    <p>現在の温度:</p>
    <p class="temp">%s &#8451;</p>
</body>
</html>
"""

sensor_temp = ADC(4)
conversion_factor = 3.3 / 65535

# ソケットを開く
addr = socket.getaddrinfo("0.0.0.0", 80)[0][-1]
s = socket.socket()
s.setsockopt(socket.SOL_SOCKET, socket.SO_REUSEADDR, 1)
s.bind(addr)
s.listen(1)
print("listening on", addr)

# 接続を待ち受け、クライアントを処理する
while True:
    try:
        # クライアントからの接続を受け付ける
        cl, addr = s.accept()
        print("client connected from", addr)
        # クライアントからのリクエストを受け取る
        request = cl.recv(1024)

        # 温度センサ読み取り
        ADC_voltage = sensor_temp.read_u16() * conversion_factor
```

```
    temp = 27 - (ADC_voltage - 0.706)/0.001721
    temp = round(temp, 1)
    temp = str(temp)

    # レスポンスを作成し送信する
    response = html % ("Picoの温度: " + str(temp))
    cl.send("HTTP/1.0 200 OK\r\nContent-type: text/html\r\n\r\n" + response)
    cl.close()

except OSError as e:
    cl.close()
    print("connection closed")
```

　先ほどの LED 制御機能を持つプログラム（wifi_led_control.py）が、温度を表示する機能に変わりました。ウェブページ上の LED のオン/オフを切り替えるボタンが、温度表示に変わっています。

　最初にウェブページのテンプレートとなる HTML コードを作ります。次に Pico W の温度センサーからデータを読み取るための設定をします。その後、通信の準備をしてパソコンなどのデバイス（クライアント）からの接続を待ちます。クライアントからの接続が確立したら、温度センサーからデータを読み取って送信します。

　パソコンやスマートフォンのブラウザからアクセスすると、Pico W の現在の温度を示す画面が表示されます。ページを更新することで、Pico W の最新の温度が確認できます。

▲ Pico W の温度が表示される

ネットワークから時刻を取得する

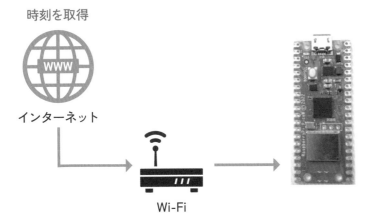

時刻を取得

インターネット

Wi-Fi

2

　Pico WのWi-Fi機能を使えば、NTP（ネットワークタイムプロトコル）を通じて正確な現在時刻を取得できます。NTPとはインターネット上のタイムサーバーに接続して、時刻を同期させるための通信規格です。この機能を活用すれば、センサーデータと時刻情報を一緒に保存したり、ディスプレイに時計を表示したりすることができます。詳しく見ていきましょう。

● **wifi_ntp_time.py**

```python
import time
import network
import ntptime

# Wi-Fiへの接続
def connect_to_wifi(ssid, password):
```
→ 64ページ参照

```python
# 自宅Wi-FiのSSIDとパスワードを入力
ssid = "YOUR NETWORK SSID"
password = "YOUR NETWORK PASSWORD"

# Wi-Fiに接続
connect_to_wifi(ssid, password)
```

```
# NTPサーバーとして"time.cloudflare.com"を指定
ntptime.host = "time.cloudflare.com"

# 時間の同期を試みる
try:
    # NTPサーバーから取得した時刻でPico WのRTCを同期
    ntptime.settime()
except:
    print("時間の同期に失敗しました。")
    raise

# 世界標準時に9時間加算し日本時間を算出
tm = time.localtime(time.time() + 9 * 60 * 60)

# 現在の日付と時刻を「年/月/日 時:分:秒」の形式で表示
print("{0}/{1:02d}/{2:02d} {3:02d}:{4:02d}:{5:02d}".format(tm[0], tm[1], tm[2], tm[3], tm
[4], tm[5]))
```

　このコードは、Cloudflareという世界規模のインターネットサービスプロバイダーのサーバーから時間情報を取得します。

　ntptime.settime関数を実行することで、NTPサーバーから時刻情報を取得し、Pico Wの内部時計（RTC）をその時刻に合わせます。時刻同期がうまくいかなかった場合は、「時間の同期に失敗しました。」というメッセージを表示し、プログラムを終了します。

　tm = time.localtime(time.time() + 9 * 60 * 60)では世界標準時（UTC）に9時間を加えることで日本標準時（JST）に変換します。9 * 60 * 60は9時間を秒単位で表しており、この加算により得られた時刻を年月日時分秒の形式で表示します。

```
シェル ×
>>> %Run -c $EDITOR_CONTENT
  接続完了
  IPアドレス = 192.168.1.85
  2023/06/18 18:11:55

>>>
```

▲ 現在時刻が表示される

ChatGPT にプログラミングをサポートしてもらう

Chapter 8 で紹介する ChatGPT は、プログラミング学習の強力なサポートツールにもなります。上手に使えば、初心者でもスムーズにコードを作成できるのです。次のことを意識すると、ChatGPT から精度の高い回答を引き出しやすくなります。

- 具体的かつ明確な要求をする
- ゼロから完璧なコードを要求せず、インターネット上に公開されている動くコードをもとにカスタマイズする
- 質問とコードの間は """で区切るなど、質問と ChatGPT に参照させるデータの範囲を明確に分ける

以下では、初めて見るコードを理解するためにコメントを追加してもらっています。コメントがわかりにくい部分は「○○の部分を専門用語を使わずに説明して」といった追加の質問をしてみましょう。何度質問しても機嫌を損ねず回答してくれるのが ChatGPT の強みです。

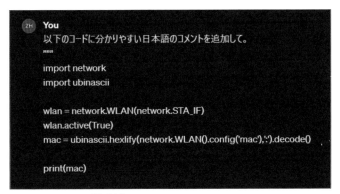

▲ ChatGPT への質問例

```python
# ネットワークモジュールをインポートする
import network
# バイナリデータをASCIIの文字列に変換するためのモジュールをインポートする
import ubinascii

# WiFiネットワークの設定を取得する
wlan = network.WLAN(network.STA_IF)
# WiFiを有効にする
wlan.active(True)
# マイクロコントローラのMACアドレスを取得し、文字列に変換する
mac = ubinascii.hexlify(network.WLAN().config('mac'),':').decode()

# MACアドレスを出力する
print(mac)
```

▲ ChatGPT からの回答例

　コードを理解できたら、自分のやりたいことに近づくよう段階的にコードをアレンジしていきます。ここでもChatGPTに質問しながら進めていくとよいでしょう。

　ChatGPTの能力には限界があるため、問題を解決できない場合や間違った回答を出す場合があります。全てを任せるのではなく、自分の頭も使いながら作業を進めることが重要です。積極的に利用することで、ChatGPTの「できること」「できないこと」がわかってきます。人類の英知の結晶を正しく使えるようになれば、難しいプログラミングにも臆さずに挑戦できることでしょう。

Chapter 3

電子工作プロジェクト
へのステップアップ

これまでの章で、Pico W単体でプログラミングをする方法を見てきました。しかし、Pico Wの最大の魅力は、さまざまな電子パーツを組み合わせて自分だけの作品を作り出せる点です。Chapter 3では、電子工作を始めるための基礎知識を身につけましょう。電子工作で何が作れるのか、イメージを膨らませながらご覧ください。

ブレッドボードと
ジャンパーワイヤー

ブレッドボードやジャンパワイヤーといった便利なツールを利用すれば、電子部品をはんだ付けせずに接続できます。専門的な技術がなくても、電子工作を楽しむことは可能なのです。

配線図なら誰でも回路を作れる

電子工作という言葉は、少し難しそうに感じるかもしれません。回路図の解読やはんだ付けなど、特別な技術が必要だと思う人も多いことでしょう。しかし、実際に手を動かしてみると、初心者でも取り組みやすい工夫が多いことに気付きます。私自身、回路図を読むことやはんだ付けが得意ではないにも関わらず、電子工作を毎日楽しんでいます。

本書やインターネット上には、以下のような部品のイラストを用いた配線図が数多く公開されています。これらの図は電気図記号を覚える必要がなく、見たままに部品を接続するだけで、簡単に回路を作ることができます。

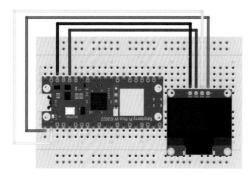

▲ わかりやすい配線図

配線図をもとに回路を作るうえで重宝するのが、ブレッドボードとジャンパーワイヤーです。それぞれの役割、使い方、選び方を理解することで、電子工作の作業がよりスムーズに進みます。ここからは、これらの基本的な知識を学んでいきましょう。

▲ ブレッドボードとジャンパーワイヤーを使用した例

ブレッドボード

　ブレッドボードは電子部品をはんだ付けせずに接続し、回路を作るためのものです。無数の小さな穴があり、それぞれが規則性を持ったパターンで接続されています。以下のブレッドボードの写真には、黄色い線が示されています。これは、ブレッドボード内部で接続されている部分を示しています。

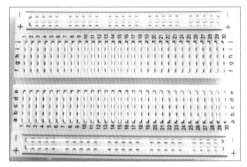

▲ ブレッドボードの接続パターン

　ブレッドボードには多様なバリエーションが存在します。ブレッドボードの選び方は、主に使用する部品の種類と数、そして作りたい回路の複雑さによります。単純な回路であれば小型のブレッドボードでも十分ですが、多くの部品を使用した複雑な回路を作る場合には大型のものが必要です。

　Pico Wを使った電子工作においては、以下に示す2つのブレッドボードからどちらかを選ぶとよいでしょう。

3

電子工作プロジェクトへのステップアップ

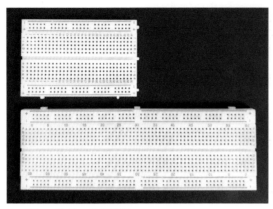

▲ ブレッドボードの種類

ジャンパーワイヤー

ジャンパーワイヤーとは、電子部品同士を繋ぐワイヤーのことです。主にブレッドボード上で使われ、さまざまな種類があります。

まず、色について説明します。ジャンパーワイヤーはさまざまな色があり、それぞれの色を使い分けることで、視覚的にどのワイヤーがどの部品と繋がっているかをわかりやすくします。例えば、赤いワイヤーを電源線として使い、黒いワイヤーを接地線（GND）として使うなどの色分けが可能です。

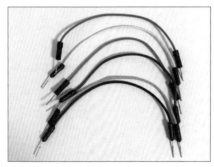

▲ ジャンパーワイヤーの色

次に、ワイヤーの末端の形状を見てみましょう。オス（ピンが突き出しているタイプ）やメス（ソケットのようなタイプ）の形状があり、またそれらの組み合わせ（オス-オス、オス-メス、メス-メス）もあります。

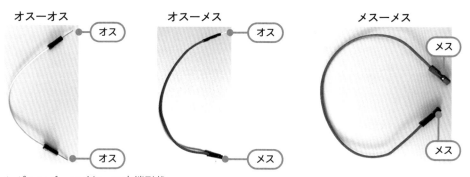

▲ ジャンパーワイヤーの末端形状

これらは部品の接続形状に合わせて選ぶことができます。例えば、ブレッドボードの穴同士をジャンパーするときにはオス-オスを使用します。

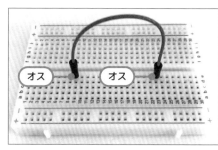

▲ オス-オスの使用例

ブレッドボードではなく、部品に直接ワイヤーを接続する場合はメスが必要です。

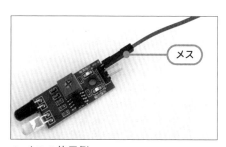

▲ メスの使用例

　部品の配置や使い方によって、適切なワイヤーの長さは変わるものです。長すぎるワイヤーを使うと、配線が複雑化し、その全体像を把握するのが難しくなります。逆に短すぎると、必要な部品までワイヤーが届かなくなります。そのため、複数の長さのワイヤーを用意しておくと、より柔軟な配線が可能になります。

3

電子工作プロジェクトへのステップアップ

▲ ジャンパーワイヤーの長さ

　さまざまなバリエーションのジャンパーワイヤーを揃えておくことで、作りたいものをすぐ
に作れる環境を整えることができます。これから電子工作を始めるにあたっては、Amazonな
どで販売されている「電子工作キット」のようなセット商品を購入するとよいでしょう。これ
らのキットには、ブレッドボードやジャンパーワイヤーなど、電子工作に必要な部品が一式揃
っています。初心者でも迷うことなく、すぐに電子工作を始められます。

ブレッドボードとジャンパーワイヤーを使うメリット

　ブレッドボード利用の最大のメリットは、作り直しの自由さにあります。一度はんだ付けさ
れた部品の取り外しは煩雑な作業となりがちです。しかし、はんだ付けを必要としないブレッ
ドボードを使えば、部品を簡単に追加したり取り外したりすることができます。
　例えば、LEDを点灯させる回路は次のように作成可能です。LEDの接続はピンを差し込んで
いるだけなので、別のプロジェクトに使いたくなったら簡単に取り外せます。部品の差し替え
が自由にできるため、失敗を恐れることなくさまざまな実験が可能です。今回使用している
LEDには既に抵抗が内蔵されていますが、通常のLEDを用いる際は別途抵抗の追加が必要であ
ることを覚えておきましょう。

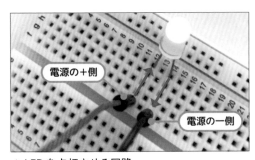

電源の＋側

電源の一側

▲ LEDを点灯させる回路

Pico Wに接続できるパーツ

ここからは電子部品の種類と活用方法を探り、電子工作の可能性を広げていきます。Pico W に接続できる代表的なパーツの基本知識と活用例を学んでいきましょう。

LED

LEDは、電流が流れると光を出す電子部品です。LEDは、ユーザーに何かを視覚的に知らせるために使用されます。例えば、ある条件が満たされたとき（ボタンが押された、センサーが動作した等）にLEDを光らせることができます。

また、LEDの明るさを変化させることによって、より多くの情報を伝えることが可能です。例えば、LEDの明るさによりデバイスの状態を示したり、警告のレベルを表示したりすることができます。

▲ LED

センサー

センサーは周囲の環境情報（温度、湿度、人感、距離など）を電気信号に変換する部品です。これらの信号をもとに、Pico Wで何かを制御するプログラムを組むことができます。

例えば、温湿度センサーを利用すれば、一定の温度を超えた際にブザーで警告する装置が作れます。人感センサーを用いると、誰かが近づいた時に通知を送る装置を作成できます。距離センサーには、物体がセンサーからどれだけ離れているかを測定する機能があります。距離センサーは人感センサーより反応する距離を精密に設定できます。

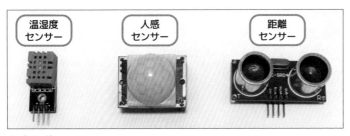

▲ センサー

モーター

　モーターは電流を回転運動に変換する部品で、物理的な動きを作り出すことができます。その中でも、直流モーターとサーボモーターは電子工作でよく用いられます。

　直流モーターは、電流を一定の方向に流すことでモーターを回転させる部品です。回転速度はプログラムによりコントロールできます。速度を変えるときは、高速に電流をオンオフするPWM（Pulse Width Modulation）という方法を使うのが一般的です。これを利用して、ラジコンカーやファンなどを任意の速度で動かすことができます。

▲ 直流モーター

　一方、サーボモーターは位置制御が可能なモーターで、角度を指定して回転させることができます。これは、ロボットの関節やラジコンカーのハンドル操作など、特定の角度に動かす必要がある場面で活躍します。

　これらを駆使して、ラジコンカーを作ったり、自動でドアのロックを開閉する装置を作ったりと、さまざまな「動きのある作品」が作れます。

▲ サーボモーター

ディスプレイ

　OLED（Organic Light-Emitting Diode）ディスプレイやLCDキャラクターディスプレイは、情報を視覚的に表現できるパーツです。これらのディスプレイは、温度計、時計、天気予報表示器などに活用することで、直感的なインターフェースを作成できます。

　OLEDディスプレイはそれぞれのピクセルが独立して発光する仕組みになっており、文字や図形、画像など自由な内容を鮮明に表示することができます。

　一方、LCDキャラクターディスプレイは、テキスト情報の表示に特化した液晶ディスプレイです。16文字×2行のように表示できる文字数が決まっています。アルファベットや数字などのフォントデータが内蔵されており、主にテキストベースの情報を伝えるのに適しています。

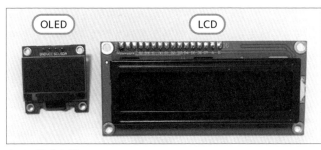

▲ OLED と LCD

その他のパーツ

　Pico Wで使用可能な電子パーツは、ここで説明したものだけではありません。電子パーツのリサーチには、以下のような電子パーツショップのウェブサイトを利用するとよいでしょう。これらのサイトは情報源としても有益であり、新たなパーツの発見や機能の理解に役立ちます。

ショップ名	URL
スイッチサイエンス	https://www.switch-science.com/
秋月電子通商	https://akizukidenshi.com/catalog/
千石電商	https://www.sengoku.co.jp/

▲電子パーツが買えるショップ

3

電子工作プロジェクトへのステップアップ

03 Pico Wの入出力端子

前項で説明した電子パーツを接続するための鍵となるのが、Pico W本体の入出力端子です。各端子は異なる機能を持っており、さまざまな通信方式の電子パーツを接続可能です。

Pico Wの入出力端子にピンヘッダーを取り付ける

Pico Wは合計40個の入出力端子を持っています。一部の端子はアナログ信号の読み取りも可能で、これによりアナログ信号を出力するセンサーから情報を取得できます。

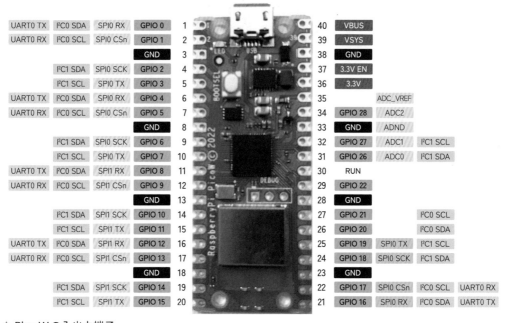

▲ Pico Wの入出力端子

　Pico Wと各種電子パーツを接続するにあたり、まずPico Wの入出力端子にピンヘッダーを装着することがおすすめです。

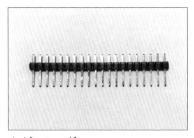

▲ ピンヘッダー

　ピンヘッダーを取り付ければ、Pico Wはブレッドボードに直接差し込むことが可能となります。これにより、各種パーツを素早く簡単に接続できるようになります。

▲ ブレッドボードに差し込める

　Pico Wは左右に20ピンずつ、合計40ピン分の取り付け穴（スルーホール）を持っています。このため、20ピンのピンヘッダーを2本必要とします。もし20ピンのピンヘッダーを用意するのが難しい場合、Amazon等で販売されている40ピンのピンヘッダーを半分に切り分けて利用することも可能です。

ピンヘッダーのはんだ付け

Pico Wにピンヘッダーを取り付けるには、はんだごてが必要です。はんだごてをコンセントに接続し、温度が上がるのを待ちます。温度が上がったら、こて先をピンとスルーホールの両方に当てて加熱します。十分に加熱することで、はんだが隙間に流れ込みやすくなります。次に、はんだをこてに当てて溶かします。はんだが流れ込んだら、はんだとこてを離します。

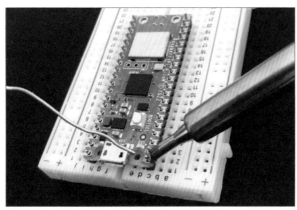

▲ ピンヘッダーのはんだ付け

すべてのピンのはんだ付けが終わったら、しっかりと固定されていることを確認します。ピンヘッダーが確実に固定されていれば、取り付け作業は完了です。

はんだ付けの手順は、文章だけで説明するよりも動画で見た方が理解しやすいかもしれません。YouTubeには、はんだ付けの方法に関する動画が数多く公開されています。視覚的に学べる動画を活用することで、具体的な作業の流れやコツを理解しやすくなります。

電子工作プロジェクトの進め方

ここからは Pico W を使って、電子工作プロジェクトを進める具体的なステップを紹介します。電子工作はあなたの創造力を自由に表現できるキャンバスです。それぞれのステップをじっくりと楽しみながら、自分だけの作品を作り上げましょう。

興味のあるパーツを買ってみる

パーツを探す　　　　使用方法を　　　　購入！
　　　　　　　　　　リサーチ

　まず始めに、何を作ったらよいか迷っている人へのアドバイスです。何かを作るためには、どんなパーツが存在し、それを使って何ができるのか理解する必要があります。そのため、興味のあるパーツを手に入れて使ってみることが大切です。興味の理由はパーツの見た目や名前など、何でも構いません。

　欲しいパーツが見つかったら、パーツに関する情報を収集しましょう。例えば、「パーツ名 + Raspberry Pi Pico」のキーワードでインターネット検索を行い、該当パーツの配線図やサンプルコードを提供しているウェブサイトを探してみてください。最初のうちは情報量が豊富なパーツを選ぶことをおすすめします。情報が見つからない場合、そのパーツは初心者にとって扱いが難しい可能性があります。

とりあえず動かしてみる

パーツを入手したら、調べた情報やサンプルコードなどを用いて動かしてみましょう。パーツがどのように動作するのか理解し、その特性をつかむことが大切です。理解を深めるために、サンプルコードをアレンジして、動作がどう変わるか確認するのも有効です。

▲ サーボモーターを指定した角度に動かしてみる

どんなものが作れそうかアイディアを膨らませる

パーツの使い方を理解したら、それを使って何ができるかを考えてみます。

▲ パーツを使って何ができるかを考える

人が近付いたら自動で扇風機のスイッチを入れる装置ができるのでは？

▲ アイディアを具体化する

　完璧なアイディアが最初から浮かぶことは稀です。何か小さなアイディアが浮かんだら、それに基づいて動き始めましょう。すでに多くの人が作っているような、ありきたりなものでも構いません。もし、そのアイディアが役に立たなそうなものでも、まずは作ってみることが重要です。作っている過程で新たな発見があり、アイディアがさらに磨かれることもあります。

　次に、そのアイディアは何が目的で、目的を達成するためにどんな機能が必要なのかを具体的に考えます。このとき、追加でパーツを購入する必要があるかも検討します。

作品名	扇風機を自動で入り切りする装置
目的	電気料金の節約
必要な機能	人が接近したらスイッチを入れる 人が離れたらスイッチを消す
必要なパーツ	サーボモーター 人感センサー

▲ アイディアをまとめる

作品を製作する

　方向性が決まったら、製作に取り掛かりましょう。まずは配線を行い、プログラムを作成します。複数の電子パーツを使用する場合は、ひとつずつ動きを確認してから組み合わせます。

❶人感センサーの
　使用方法を確認する

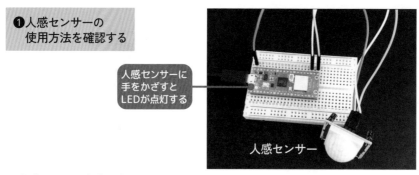

人感センサーに
手をかざすと
LEDが点灯する

人感センサー

▲ 人感センサーを動かす

❷サーボモーターで
　スイッチを押してみる

スイッチを押す　　　　　　　　　　　戻す

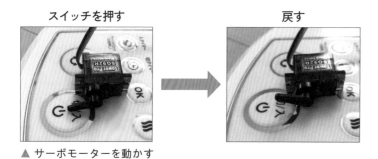

▲ サーボモーターを動かす

❶と❷を組み合せて
プログラムを完成させる

人感センサーが
反応すると

サーボモーターが
回転する

▲ 組み合わせて連動させる

思い通りの動きができたら、使用する場所に取り付けて、試運転および調整をします。

▲ 試運転・調整

完成したらSNSに投稿してみよう

▲ 完成

作品が完成したら、SNSに写真と説明文を投稿してみましょう。他の人にも見てもらうことで、新たな視点やアドバイスを得ることができます。自分では気づかなかった点を指摘してもらったり、アレンジのアイディアをもらえたりすることもあります。これにより、さらなる改善や次の作品づくりのヒントに繋がることでしょう。

そぞら@Raspberry Pi 電子工作 ✓ ・・・
@sozoraemon

人感センサーを使って、扇風機のスイッチを自動で入り切りさせてみた。

人を検知したら、サーボモーターがスイッチを押します。1分間、人を検
知しなければ、もう一度スイッチを押して、扇風機を止めます。簡単そう
に見えても、一筋縄ではいかない。これがプログラミングの面白いところ

▲ SNS の投稿例

　電子工作は必ずしも便利なものを作ることだけが目的ではありません。作成過程での楽しみ
や完成したときの達成感は、とても価値のあるものです。失敗を恐れず、自由な発想で自分の
アイデアを形にしていきましょう。

Chapter 4

光の強さで降水確率を知らせる装置

Pico W を使って作る電子工作の作品と作り方をここから紹介します。ご自身の作品作りの参考になれば幸いです。興味を持った作品があれば、ぜひ挑戦してみてください。

Raspberry Pi
Pico W

降水確率を知らせる
装置を作ろう

本章では降水確率を自動的に取得し、その情報をLEDで表示する装置を作ります。基本的な部品だけでも、工夫によって幅広い表現ができます。

LEDの光の強さで降水確率を知らせる装置を作ろう

▲ 完成した装置

　朝は一日で最も忙しい時間帯で、天気予報をチェックする余裕がないこともあります。そこで役立つのが「光の強さで降水確率を知らせる装置」です。この装置はインターネットから降水確率を取得し、それをLEDの光の強さで表示します。シンプルな仕組みながら、文字情報を読むよりも速く認識できるのが特徴です。

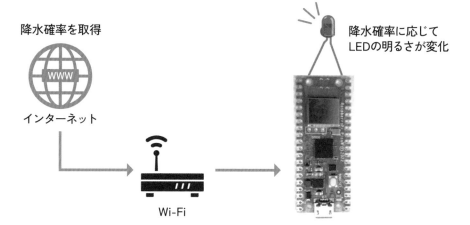

降水確率を取得

インターネット

Wi-Fi

降水確率に応じて
LEDの明るさが変化

部品を知ろう

まずはLEDの選び方と使い方を確認していきましょう。

抵抗内蔵LED

　今回は秋月電子通商などで販売されている抵抗を内蔵したLEDを使用します（抵抗内蔵5mmLED 5V 青色 470nm OSB5SA5B64A-5V　秋月電子の販売コード：112519）。降水確率を光の強さで表現するため、雨のイメージに合わせて青色のLEDを選びました。

▲ 抵抗内蔵 5mm LED 5V 青色

　普通のLEDを使う場合、直列に抵抗を接続するのが一般的です。これは、抵抗がないとLEDに電流が多く流れてしまい、発熱して壊れることがあるからです。

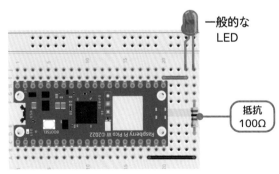

▲ 一般的な LED 点灯回路

　上の図からわかるように、通常は必要な抵抗値を自分で計算しなければなりません。しかし、今回使用するLEDには内蔵抵抗があるので、その手間が省けます。

　LEDを安全に使用するために、まずはデータシートを確認します。データシートは製品の仕様や使用方法などを詳細に記載した文書です。製造メーカーの公式サイトや電子部品の販売サイト、または検索エンジンを利用して探すことができます。このLEDのデータシートでは、絶対最大定格（Absolute Maximum Rating）つまり超えてはいけない値の電圧が7.5Vとなっています。このため、Pico WのGPIOピンが供給する3.3Vでも破損することはありません。

　このLEDは定格が5Vですが、Pico Wの3.3Vでも点灯します。ただし、5Vのときと比べると少し暗くなります。

■Absolute Maximum Rating　　　　　(Ta=25℃)

Item	Symbol	Value	Unit
DC Forward Voltage	V_F	7.5	V
Reverse Voltage	V_R	5	V
Power Dissipation	P_D	150	mW
Operating Temperature	Topr	-30 ~ +85	℃
Storage Temperature	Tstg	-40~ +100	℃
Lead Soldering Temperature	Tsol	260℃/5sec	-

　また、VF-IFグラフより、3.3Vを流すと7mA程度流れることがわかります。これはPico WのGPIOピンから供給できる電流量の16mAより小さいので、問題なく点灯できます。

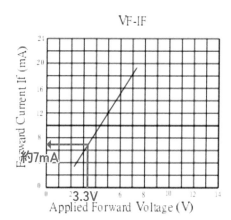

LEDの回路を作ろう

LEDには2本の端子があります。長い方の端子はアノードと呼び、プラス側に接続します。短い方の端子はカソードと呼び、マイナス側（GND）に接続します。

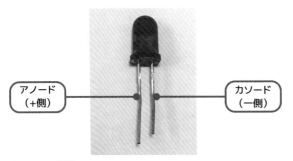

▲ LEDの極性

　アノードとカソードを正しく接続しないと、LEDは点灯しません。LEDを回路に組み込む際には、端子の長さをよく確認して接続する必要があります。Pico WとLEDは以下のように接続します。

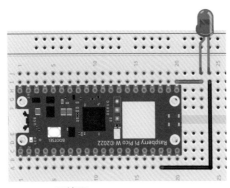

▲ LEDの配線図

　LEDの長い端子（アノード）をGPIO16番ピンに、短い端子（カソード）をGNDのピンに接続します。Pico WにはGNDのピンが全部で8か所あるため、図と同じ位置でなくても接続できます。

Section 03 LEDの明るさの調整方法

PWMを使用してLEDの明るさを変えるプログラムについて解説します。

PWM

　明るさを調整するために、GPIOからの電気信号を高速でオンとオフに切り替える方法を使うのが一般的です。この手法はPWM（Pulse Width Modulation）と呼ばれ、パルス（電気信号）の幅を調整することでLEDの明るさをコントロールします。

　プログラムによって電気信号を素早くオンとオフに切り替えると、人間の目ではそのオンとオフの平均値として明るさが感じられます。この切り替えの速さやオンとオフの比率を調整することで、LEDの明るさを細かく調整できます。

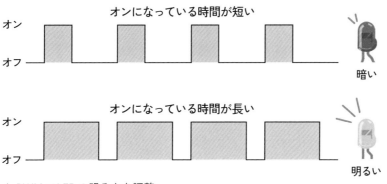

▲ PWMでLEDの明るさを調整

　今回のプロジェクトでは、取得した降水確率に応じてLEDの明るさを指定する必要があります。まずはPWMを使用してLEDを任意の明るさに調整するプログラムを作ってみましょう。

● led_brightness_control.py

```python
from machine import Pin, PWM

# PWMを用いたLEDの制御
led = PWM(Pin(16), freq=500)

# 明るさを指定（0～100の範囲）
# ここでは50%としています
brightness = 50

# 明るさを設定 duty_u16の引数は0～65535の範囲
led.duty_u16(int((65535 * brightness) / 100))
```

　このコードを実行すると、LEDが50%の明るさで点灯します。brightness = 50の50の部分を0や100などに変更して、LEDの明るさがどのように変わるのか確認してみましょう。

　led = PWM(Pin(16), freq=500)の部分で、GPIO16番ピンに接続されたLEDをPWMモードで制御するための設定を行っています。freq=500は、PWMの周波数を500Hzに設定しています。

　変数brightnessを用いて、LEDの明るさを0～100の範囲で指定します。ここでは50%の明るさに設定しています。この明るさは次の行、led.duty_u16(int((65535 * brightness) / 100))でLEDに適用されます。このプログラムでは、デューティ比を用いてLEDの明るさを調整します。デューティ比とは、LEDが点灯する時間と消灯する時間の比率です。この比率を0～65535で指定します。デューティ比が大きいほど、LEDは明るく輝きます。

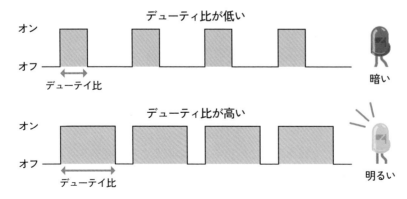

▲ デューティ比による明るさの変化

Section

04

天気予報を取得してみよう

Pico Wを使って、天気予報の情報をインターネットから取得する方法を確認しましょう。APIを使うことで、目的のサービスから情報を取得し、自分のプログラムで簡単に利用できるようになります。

降水確率を取得するプログラム

このプロジェクトでは、「livedoor天気互換」（https://weather.tsukumijima.net/）というAPIサービスを使用します。API（Application Programming Interface）とは、プログラムの機能を外部に公開するためのインターフェースのことです。livedoor天気互換を利用すると、気象庁から配信される各地の天気予報データを取得できます。

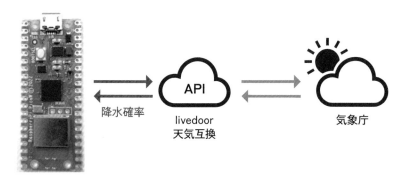

▲ APIから降水確率を取得するイメージ

指定した都市の天気予報（降水確率）を取得するプログラムは、以下のようになります。

● rainfall_predictor.py

```python
import time
import network
import urequests as requests


# 無線LANへの接続
def connect_to_wifi(ssid, password):
    → 64ページ参照


# 自宅Wi-FiのSSIDとパスワードを入力
ssid = "YOUR NETWORK SSID"
password = "YOUR NETWORK PASSWORD"


# Wi-Fiに接続
connect_to_wifi(ssid, password)


# Web APIのURLを作成
city_ID = "130010"  # 130010は東京


# 天気予報APIのURL組み立て
url = "https://weather.tsukumijima.net/api/forecast/city/" + city_ID


# 指定したURLから天気情報を取得
response = requests.get(url)
weather_json = response.json()  # データをPythonの辞書型に変換


# 今日の降水確率を取得 0:今日 1:明日 2:明後日 ('T12_18'は12時から18時の時間帯)
rain_probability = weather_json["forecasts"][0]["chanceOfRain"]["T12_18"]


# 降水確率が取れない場合の処理
if rain_probability == "--%":
    print("no value")  # 降水確率が取得できない場合のメッセージ
else:
    print("降水確率 {}".format(rain_probability))  # 降水確率を表示
```

　上記のコードを実行すると、特定の都市の天気情報を取得し、画面に表示します。

　city_ID = "130010"の部分で、都市のIDを設定します。この例では、東京のIDとして13001
0を使用しています。お住まいの地域のIDは、次のページから確認可能です。

- https://weather.tsukumijima.net/primary_area.xml

　response = requests.get(url)の部分では、指定したURLから天気情報を取り出していま
す。その後、取得した情報をPythonで使いやすいデータ形式である「辞書型」に変換してい
ます。辞書型とは、単語とその意味をペアにしたようなデータ形式です。例えば、{'apple':
'りんご', 'banana': 'バナナ'} のような形です。

　次に、weather_json['forecasts'][0]['chanceOfRain']['T12_18']というコードで、今日の
12時から18時の降水確率を取得しています。chanceOfRain（降水確率）以外にも、気温や風
速などの情報も取得できます。どのような情報があるかは、以下のページで確認できます。

- https://weather.tsukumijima.net/

　if rain_probability == "--%":の条件分岐は、降水確率データが空欄になることに対応し
ています。これは18時以降に「12時から18時の降水確率」を調べた際に、「--%」という結果
が返るからです。この場合は「no value」と表示します。それ以外の時は、降水確率を表示し
ます。

```
シェル
>>> %Run -c $EDITOR_CONTENT

 接続完了
 IPアドレス = 192.168.1.85
 降水確率 20%

>>>
```
▲ 降水確率の取得

光の強さで降水確率を知らせる装置

その他の役立つデータ形式「リスト」

　プログラミングでよく使われるデータ形式にリスト（配列）があります。リストは複数の要素を一つの変数に格納して管理する形式です。

　1週間の天気予報を扱う場合を考えてみましょう。各日の天気を個別の変数に保存するのではなく、一つのリスト内に順番に格納することで、データの管理を簡素化できます。リストは[]（角括弧）を使って定義し、コンマ,で区切ってデータを並べます。

　リストの中の各項目は、0から始まる番号でアクセスできます。ここで注意すべき点は、番号が1ではなく0から始まるということです。例えば、リストweatherの最初の要素にアクセスしたい場合、weather[0]と指定することで「晴れ」を取り出すことが可能です。weather[2]を指定すれば、3番目の「雨」を取り出せます。

```
weather = ["晴れ", "曇り", "雨", "晴れ", "雨", "曇り", "晴れ"]
print(weather[0])  # 「晴れ」が出力される
```

Section 05 組み合わせて作品にしよう

LEDの操作と降水確率の取得方法を組み合わせて、光の強さで降水確率を知らせる装置を作りましょう。この装置で使用する電子部品はLEDだけなので、Section 02で示した回路をそのまま使います。

プログラムの作成

光の強さで降水確率を知らせる装置がどのように動くかを決めます。

- 装置は1時間ごとに降水確率をインターネットから取得します。
- 取得した降水確率は、12時から18時の間のものを基準とします。
- 降水確率が30%を超えた場合、LEDが点灯します。その際、30%を超える降水確率から100%までの範囲を、LEDの明るさが1%から100%になるように変換します。

このルールに基づいてプログラムを作成することで、降水確率に応じたLEDの明るさで天気を知らせる装置が完成します。

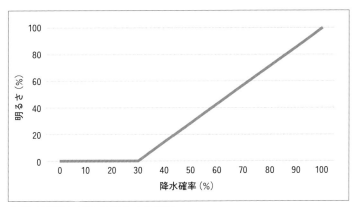

▲ 降水確率とLEDの明るさの関係

作成したプログラムは以下のようになります。

● weather_based_led_control.py

```python
from machine import Pin, PWM
import time
import network
import urequests as requests

def connect_to_wifi(ssid, password):
    → 64ページ参照

# 自宅Wi-FiのSSIDとパスワードを入力
ssid = "YOUR NETWORK SSID"
password = "YOUR NETWORK PASSWORD"

# Wi-Fiに接続
connect_to_wifi(ssid, password)

# Web APIのURLを作成
city_ID = "130010"  # 130010は東京
url = "https://weather.tsukumijima.net/api/forecast/city/" + city_ID

# 無限ループを作成
while True:
    response = requests.get(url)  # 指定したURLから天気情報を取得
    weather_json = response.json()  # JSONデータをPythonの辞書型に変換

    # 今日の降水確率を取得 0:今日 1:明日 2:明後日 ('T12_18'は12時から18時の時間帯)
    rain_probability = weather_json["forecasts"][0]["chanceOfRain"]["T12_18"]

    # PWMを用いたLEDの制御
    led = PWM(Pin(16), freq=500)

    # 降水確率が取れない場合の処理
    if rain_probability == "--%":
        print("no value")
        brightness = 0
```

```
    else:
        rain_probability_num = int(rain_probability.replace("%", ""))# パーセント記号を削
除して整数に変換
        print("降水確率 {}".format(rain_probability_num))

    # 明るさを指定（0〜100の範囲）
    # 降水確率が30%を超える場合にLEDを点灯。30%を超える降水確率を明るさに変換
    if rain_probability_num > 30:
        brightness = ((rain_probability_num - 30) * 100) / 70
    else:
        brightness = 0

# LEDの明るさを設定
led.duty_u16(int((65535 * brightness) / 100))  # duty_u16の引数は0〜65535の範囲

# 次の取得まで1時間待機
time.sleep(3600)
```

　このコードは東京の降水確率に応じて LED の明るさを制御するものです。天気情報を Web から取得し、12 時から 18 時の間の降水確率を確認します。降水確率が 30% を超える場合、LED を点灯し、その確率に応じて明るさを変化させます。0% から 30% の時は 0% の明るさで、100% の時に 100% の明るさになります。降水確率が取得できない場合は LED を消灯します。この処理を 1 時間ごとに繰り返します。

作品を完成させよう

　上記のコードを「main.py」で保存すれば、PC から取り外して、好きな場所で使うことができます。PC 以外の電源で動かす方法については Chapter 2 を参照してください。

　ブレッドボードのままでも大丈夫ですが、見た目を整えたいなら、ケースを利用する方法もあります。

　筆者は 3D プリンターでケースを作りました。このケースはブレッドボードのサイズに合わせて作られているので、そのまま収納することができます。

4

光の強さで降水確率を知らせる装置

▲ 3Dプリンター製のケース

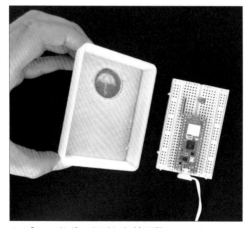

▲ ブレッドボードごと収納可能

　3Dプリンターをお持ちの方は、本書のサポートページで提供するデータを使い、自分のケースを作ることができます。LEDの光が外から見えるように、透光性のあるフィラメントを使用するのがポイントです。電源コネクタには、L字型のものを使っています。

- WeatherAlert_LED_Bottom.stl
- WeatherAlert_LED_Top.stl

　3Dプリンターがない方は市販の小型ケースやプラスチック容器を使うのもよいでしょう。適切なサイズと形状を選べば、作品がきれいにまとまり、完成度が上がります。

Chapter 5

ごみの日を
お知らせする装置

毎日の生活をより快適にするため、Pico Wの可能性を探ります。この
章では日常のちょっとした不便を解消する装置の作り方をご紹介しま
す。

Raspberry Pi
Pico W

ごみの日をお知らせする装置

シンプルな情報であれば、サーボモーターを使用してメーターの針のように動かして示すこともできます。アナログとデジタルが混在するような、温かみのある表示装置の制作に挑戦しましょう。

サーボモーターの動きで情報を伝える装置を作ろう

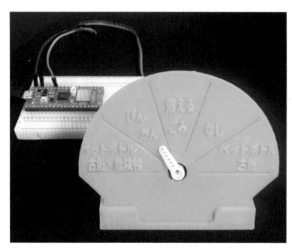

▲ 完成した装置

　ごみの日は覚えにくいものです。しかし、今日が何ごみの日かを毎回確認するのは大変です。回収頻度の少ない品目を忘れようものなら、家が散らかりストレスの原因になることも。

　Pico Wで、このような日常の悩みを解消します。市販の製品にはない、「かゆい所に手が届く」システムを作れるのが電子工作の魅力です。この章では、今日は何ごみの日かをお知らせする装置の作り方を紹介します。この装置は、現在の日付から今日のごみの種類を判定するものです。サーボモーターの角度で判定結果を表現し、LEDやディスプレイを使わない直感的な方法でごみの日を知らせます。

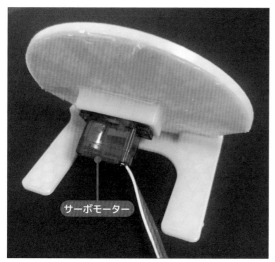

▲ 文字盤の裏側

Section
02

サーボモーターを
動かしてみよう

「ごみの日をお知らせする装置」を作成するための準備として、サーボモーターの使い方を確認していきます。ここではサーボモーターの接続方法や、プログラムでどのように動かすかを紹介します。

サーボモーターの接続方法

サーボモーターは、特定の角度に回転させることができるモーターです。今回は TOWER PRO 社の SG90 というモデルを使用します。秋月電子通商などで購入可能な SG90 は、最大 180°まで回転できる小型のサーボモーターです。

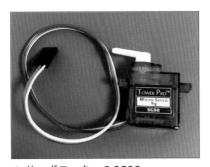

▲ サーボモーターの SG90

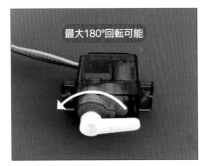

▲ SG90 の制御範囲

SG90には3本のワイヤーが付いており、それぞれ異なる役割を持っています。

- オレンジ：信号。Pico Wから角度を指定するための指令を受け取ります
- 赤色：電源。サーボモーターに必要な電力を供給します
- 茶色：GND（グランド）。電気的な接地を行います

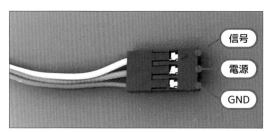

▲ サーボモーターのワイヤー

サーボモーターとPico Wは、次のように接続してください。電源は、SG90サーボモーターが5Vで動作するため、VBUS（5V）に接続します。GNDはGNDピンに、信号はGPIO28番ピンに接続します。

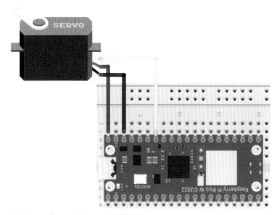

▲ サーボモーターの配線図

サーボモーターを動かすプログラムについて解説します。Chapter 4でLEDの明るさを変える際に紹介したPWMを使って、サーボモーターに指令を送ります。デューティ比を変えることで、サーボモーターの角度を自由に変えることができます。以下のプログラムはサーボモーターを特定の角度に回転させるものです。

5

ごみの日をお知らせする装置

● servo_rotation.py

```python
from machine import PWM, Pin
import time

# サーボモーターの設定
servo1 = PWM(Pin(28))   # GPIO 28をPWMとして使用
servo1.freq(50)           # サーボモーターの周波数は50Hz

max_duty = 65535        # PWMの出力の最大値
dig_minus90 = 0.025   # -90°の時のデューティ比（0.5ms/20ms）
dig_plus90 = 0.12      # 90°の時のデューティ比(2.4ms/20ms)

# 指定された角度にサーボモーターを動かす関数
def move_servo(angle):
    # 角度が範囲内か確認
    if angle < -90 or angle > 90:
        raise ValueError("角度は-90度から90度の間でなければなりません")

    # 角度からデューティ比を計算
    duty = int(max_duty * (dig_minus90 + (dig_plus90 - dig_minus90) * (angle + 90) / 180)
)

    # サーボモーターにデューティ比を指定して動かす
    servo1.duty_u16(duty)

while True:
    # サーボモーターを-90度に動かす
    move_servo(-90)
    time.sleep(1)

    # サーボモーターを0度に動かす
    move_servo(0)
    time.sleep(1)

    # サーボモーターを90度に動かす
    move_servo(90)
    time.sleep(1)
```

　コードのポイントを解説します。servo1 = PWM(Pin(28))では、GPIO28番ピンに接続された
サーボモーターをPWMモードで制御するための設定を行っています。

　サーボモーターを制御するには、まずその動作周波数を設定する必要があります。これを調
べるのに便利なのがデータシートです。SG90の場合、PWMサイクルは50Hzと記載されてい
ます。この仕様にもとづき、servo1.freq(50)を使い、PWMを50Hzにします。

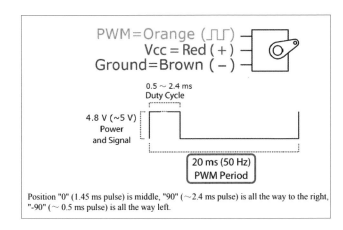

　max_duty = 65535では、PWMの出力の最大値を設定します。Pico WのPWMは16ビットの
解像度を持つので、0から65535までの範囲で値を設定できます。

　以下の写真はSG90の動きを示しています。写真の視点から見ると、中央位置（0°）を基準
に、右向きを-90°、左向きを90°として動きます。

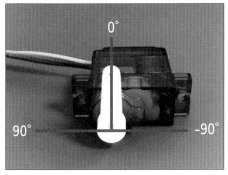

▲ サーボモーターの角度と実際の位置

　dig_minus90 = 0.025の部分で、-90°の時のデューティ比を設定します。データシートによ

れば、-90°の時には制御パルスとして0.5msが必要です。この制御パルスはPWMの全周期（20ms）の中でどれだけの時間がONになるかを示しています。この比率を計算するために、0.5msを20msで割ります。計算すると、0.5÷20=0.025 つまり2.5%となります。これが-90°の時のデューティ比です。同様に dig_plus90 = 0.12 で、90°の時のデューティ比を設定します。

サーボモーターを-90°に動かす信号

サーボモーターを90°に動かす信号

▲ サーボモーターのデューティ比と角度

　move_servo 関数は、サーボモーターを指定した角度に動かすためのものです。指定できる角度は-90度から90度の間です。角度に応じて、適切なデューティ比を計算してモーターを制御します。

　move_servo 関数では、引数 angle で動かしたい角度を指定します。move_servo(-90)という呼び出しの場合、サーボモーターを-90度の位置に動かすことを意味します。

　move_servo 関数はサーボモーターが指定された角度まで動くのを待ちません。time.sleep(1)でプログラムを1秒間止めることで、サーボモーターが動くのを待つようにします。これにより、一連の動作が正しく行われるようになります。

　モーターの動作が確認できたら、move_servo 関数の数値を自由に変えてみましょう。指定した角度で動く様子を実際に見ることができます。

Section 03 今日は何ごみの日?を判定しよう

Pico W を使って、今日が何のごみの日かを判定します。多くの自治体では、「毎週〇曜日は燃えるごみ」や「〇回目の〇曜日は〇〇ごみ」といった固定のルールが設定されています。月の中で今日が「何回目の何曜日であるか」を把握することにより、何ごみの日かを判定可能です。

何回目の何曜日かを調べるプログラム

Chapter 2ではネットワークからの時刻や日付の取得方法について紹介しました。その手法を応用して、今日が月の中で何回目の何曜日なのかを判定するプログラムを作成します。

● nth_weekday.py

```
import time
import network
import ntptime

# Wi-Fiへの接続
def connect_to_wifi(ssid, password):
    → 64ページ参照


# 今日はその月で何回目の曜日かを調べる関数
def get_NthDayOfWeek(day):
    # 日付を7で割ることで何回目の曜日かを計算
    nth_day_of_week = (day - 1) // 7 + 1
    return nth_day_of_week


# 自宅Wi-FiのSSIDとパスワードを入力
ssid = "YOUR NETWORK SSID"
password = "YOUR NETWORK PASSWORD"


# Wi-Fiに接続
```

→ 64ページ参照

```
connect_to_wifi(ssid, password)

# NTPサーバーとして"time.cloudflare.com"を指定
ntptime.host = "time.cloudflare.com"

# 時間の同期を試みる
try:
    # NTPサーバーから取得した時刻でPico WのRTCを同期
    ntptime.settime()
except:
    print("時間の同期に失敗しました。")
    raise

# 世界標準時に9時間加算し日本時間を算出
tm = time.localtime(time.time() + 9 * 60 * 60)

# 曜日を日本語で表示するためのリスト
week_days_list = ["月", "火", "水", "木", "金", "土", "日"]

# 現在の曜日の日本語名を取得
day_of_week = week_days_list[tm[6]]

# 今日はその月で何回目の曜日かを調べる
nth_day_of_week = get_NthDayOfWeek(tm[2])

# 結果を表示
print(f"{tm[0]}年{tm[1]}月{tm[2]}日は、その月で{nth_day_of_week}回目の{day_of_week}曜日で
す。")
```

　このコードは、現在の日付と時刻を取得し、その日がその月で何回目の何曜日であるかを表示します。

　week_days_listは曜日を日本語で表すためのリストです。time.localtime 関数から得られるtm[6]は、現在の曜日を数値で返します。この数値は月曜日を0として日曜日までの日を表し、日曜日は6で表されます。この数値を使用してweek_days_listから日本語の曜日名を取得します。

　次にtm[2]によって示される日付を引数としてget_NthDayOfWeek関数を呼び出すことで、そ

の日がその月の何回目の曜日であるかを求めます。日付から1を引いた後、7で割った結果の小数点以下を切り捨て、1を足すことで「何回目の曜日」であるかを計算します。

　最後に判定結果を「2023年9月18日は、その月で3回目の月曜日です。」のような形式で表示します。

```
シェル
>>> %Run -c $EDITOR_CONTENT
　接続完了
　IPアドレス = 192.168.1.85
　2023年9月18日は、その月で3回目の月曜日です。
>>>
```

▲ 実行結果

今日は何ごみの日かを調べるプログラム

　前項で判定した「何回目の何曜日」を利用して、今日が何ごみの日かを調べるプログラムを作成します。下記はこのプログラムが参照するゴミ収集日の例です。地域によって収集日が異なるため、紹介するプログラムを各地域のルールに合わせてカスタマイズしてください。

燃えるごみ	毎週水・土曜日
資源ごみ（びん・かん）	毎月第1・3金曜日
古紙・ペットボトル	毎月第2・4金曜日
危険物	毎月第2金曜日

▲プログラムで使用するごみ収集日の例

● gomi_calendar_checker.py

```python
import time
import network
import ntptime


# 無線LANへの接続
def connect_to_wifi(ssid, password):
    → 64ページ参照
```

```python
# 今日はその月で何回目の曜日かを調べる関数
def get_NthDayOfWeek(day):
    → 119ページ参照


# 指定された曜日とその月の何回目の曜日かに基づいて、ごみの種類を返す関数
def get_gomi_type(day_of_week, nth_day_of_week):
    gomi_type = ""


    # 水曜日または土曜日の場合
    if day_of_week == "水" or day_of_week == "土":
        gomi_type = "今日は「燃えるごみ」の日です。"


    # 金曜日の場合
    elif day_of_week == "金":
        # 1回目、3回目の金曜日の場合
        if nth_day_of_week == 1 or nth_day_of_week == 3:
            gomi_type = "今日は「燃えないごみ、びん・かん」の日です。"


        # 2回目の金曜日の場合
        elif nth_day_of_week == 2:
            gomi_type = "今日は「資源古紙、ペットボトル、危険不燃物」の日です。"


        # 4回目の金曜日の場合
        elif nth_day_of_week == 4:
            gomi_type = "今日は「資源古紙、ペットボトル」の日です。"

    # 上記以外の日の場合
    if not gomi_type:
        gomi_type = "今日はごみの回収日ではありません。"
    return gomi_type


# 自宅Wi-FiのSSIDとパスワードを入力
ssid = "YOUR NETWORK SSID"
password = "YOUR NETWORK PASSWORD"


# Wi-Fiに接続
connect_to_wifi(ssid, password)
```

```
# 時間取得
timZone = 9
ntptime.host = "time.cloudflare.com"

# 時間の同期を試みる
try:
    ntptime.settime()
except:
    print("時間の同期に失敗しました。")
    raise

# 世界標準時に9時間加算し日本時間を算出
tm = time.localtime(time.time() + 9 * 60 * 60)

# 曜日を日本語で表示するためのリスト
week_days_list = ["月", "火", "水", "木", "金", "土", "日"]

# 現在の曜日の日本語名を取得
day_of_week = week_days_list[tm[6]]

# 今日はその月で何回目の曜日かを調べる
nth_day_of_week = get_NthDayOfWeek(tm[2])

# 結果を表示
print(f"{tm[0]}年{tm[1]}月{tm[2]}日は、その月で{nth_day_of_week}回目の{day_of_week}曜日です。")

# 曜日とその月の何回目かに基づいて、今日のごみの種類を取得
gomi_message = get_gomi_type(day_of_week, nth_day_of_week)

# 今日のごみの種類を表示
print(gomi_message)
```

　上記のコードは現在の日付からごみ収集の種類を教えてくれるプログラムです。このプログラムを実行すると、今日がその月で何回目の曜日かと、その日に出すべきごみの種類が表示されます。

5

ごみの日をお知らせする装置

```
シェル ×
>>> %Run -c $EDITOR_CONTENT
   接続完了
   IPアドレス = 192.168.1.85
   2023年9月16日は、その月で3回目の土曜日です。
   今日は「燃えるごみ」の日です。
>>>
```

▲ 実行結果

　get_gomi_type関数で、曜日とその月での何回目かをもとに、今日のごみの種類を判定します。

　条件分岐を作成する際のポイントを説明します。まず、orを使って、複数の条件を1つの条件としてまとめることができます。例えば、「毎週水曜日・土曜日の場合」は、if day_of_week_text == "水" or day_of_week_text == "土":というように表現します。orを使うと、異なる条件のいずれかが満たされた時に処理を実行することができます。

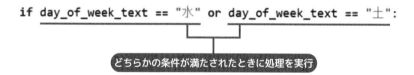

　次に、elifを使うことで、上の条件が満たされない場合のみ次の条件を確認します。これにより、条件を段階的に絞り込むことが可能です。

　自治体ごとのルールが異なる場合、条件分岐を変更または追加することで対応します。例えば、新しい曜日やその月の何回目のルールが追加された場合、適切な位置に新たなifやelifを追記してください。

Section 04 組み合わせて作品にしよう

前項までに学んだサーボモーターの操作とごみの日を判定する方法を組み合わせて、ごみの日をお知らせする装置を完成させましょう。この装置で使用する電子部品はサーボモーターだけなので、最初に示した回路をそのまま使います。

文字盤の作成

筆者は3Dプリンターでごみの日を示す文字盤を作りました。この文字盤は、それぞれのごみの種類ごとに区切られ、一目で判別しやすいようになっています。サーボモーターのホーンは、指定されたごみの種類の文字の方へ向かいます。例えば、「燃えるごみの日」にはホーンが「燃えるごみ」という文字の方を指します。

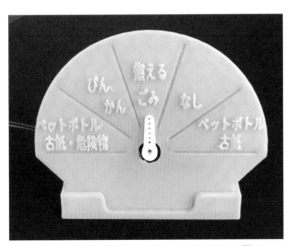

▲ サーボホーンが「燃えるごみ」を差している様子

3Dプリンターをお持ちの方は、本誌のサポートページから文字盤のデータ[1]をダウンロードして、自分で作ることができます。3Dプリンターがない方も、段ボールや紙で文字盤を簡単に作れます。

- Gomi_Dial_No_Labels.stl
- Gomi_Dial_with_Labels.stl
- Gomi_Stand_Base.stl

サーボモーターの角度を決定する

サーボモーターのホーンが正確に文字盤の文字を指すためには、事前に角度の確認が必要です。文字盤にサーボモーターを取り付けた状態で、実際にサーボモーターを動かして角度を決めます。ホーンを取り付ける前に、サーボを基準角度（0°または90°）に合わせておきます。この確認作業には次のコードを用いました。

● servo_angle_setter.py

```
from machine import PWM, Pin
import time

servo_angle = 0  # サーボモーターの角度を設定

servo1 = PWM(Pin(28))  # GPIO 28をPWMとして使用
servo1.freq(50)        # サーボモーターの周波数は50Hz

max_duty = 65535       # PWMの出力の最大値
dig_minus90 = 0.025    # -90°の時のデューティ比（0.5ms/20ms）
dig_plus90 = 0.12      # 90°の時のデューティ比(2.4ms/20ms)

# 指定された角度にサーボモーターを動かす関数
def move_servo(angle):
    → 116ページ参照

move_servo(servo_angle)
```

　このコードはサーボモーターを設定した角度に回転させるものです。4行目の servo_angle の数値を変更することで、サーボモーターの角度を指定して動かせます。角度は-90度から90度の範囲内で指定します。

　筆者が作った文字盤では、次の角度で文字を指すことにしました。

ペットボトル・古紙・危険物	80°
びん・かん	40°
燃えるごみ	0°
ごみの日ではない	-40°
ペットボトル・古紙	-80°

▲ごみの種類とサーボモーターの角度

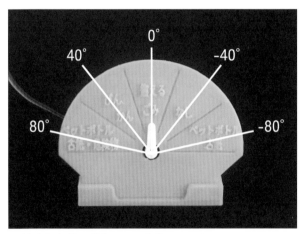

▲ 決定したサーボホーンの角度

ごみの日をお知らせする装置のプログラム

上記をもとに完成したプログラムは以下のようになります。

● gomi_day_servo_controller.py

```python
import time
import network
import ntptime
from machine import PWM, Pin


# 無線LANへの接続
def connect_to_wifi(ssid, password):
    → 64ページ参照


# 今日はその月で何回目の曜日かを調べる関数
def get_NthDayOfWeek(day):
    → 119ページ参照


# 指定された曜日とその月の何回目の曜日かに基づいて、ごみの種類と角度を返す関数
def get_gomi_type(day_of_week_text, nth_day_of_week):
    gomi_type = ""

    # 水曜日または土曜日の場合
    if day_of_week_text == "水" or day_of_week_text == "土":
        gomi_type = "今日は「燃えるごみ」の日です。"
        servo_angle = 0

    # 金曜日の場合
    elif day_of_week_text == "金":
        # 1回目、3回目の金曜日の場合
        if nth_day_of_week == 1 or nth_day_of_week == 3:
            gomi_type = "今日は「燃えないごみ、びん・かん」の日です。"
            servo_angle = 40

        # 2回目の金曜日の場合
        elif nth_day_of_week == 2:
            gomi_type = "今日は「資源古紙、ペットボトル、危険不燃物」の日です。"
```

```
            servo_angle = 80

        # 4回目の金曜日の場合
        elif nth_day_of_week == 4:
            gomi_type = "今日は「資源古紙、ペットボトル」の日です。"
            servo_angle = -80

    # 上記以外の日の場合
    if not gomi_type:
        gomi_type = "今日はごみの回収日ではありません。"
        servo_angle = -40
    return gomi_type, servo_angle

# 指定された角度にサーボモーターを動かす関数
def move_servo(angle):
    → 116ページ参照


# 自宅Wi-FiのSSIDとパスワードを入力
ssid = "YOUR NETWORK SSID"
password = "YOUR NETWORK PASSWORD"

# Wi-Fiに接続
connect_to_wifi(ssid, password)

# サーボモーターの設定
servo1 = PWM(Pin(28))  # GPIO 28をPWMとして使用
servo1.freq(50)        # サーボモーターの周波数は50Hz


max_duty = 65535     # PWMの出力の最大値
dig_minus90 = 0.025  # -90°の時のデューティ比（0.5ms/20ms）
dig_plus90 = 0.12    # 90° の時のデューティ比(2.4ms/20ms)


# 時間取得
timZone = 9
ntptime.host = "time.cloudflare.com"


while True:
    # 時間の同期を試みる
```

```python
try:
    ntptime.settime()
except:
    print("時間の同期に失敗しました。")
    time.sleep(10)   # 10秒待機
    continue          # 処理をループの先頭に戻す

# 世界標準時に9時間加算し日本時間を算出
tm = time.localtime(time.time() + 9 * 60 * 60)

# 曜日を日本語で表示するためのリスト
week_days_list = ["月", "火", "水", "木", "金", "土", "日"]

# 現在の曜日の日本語名を取得
day_of_week = week_days_list[tm[6]]

# 今日はその月で何回目の曜日かを調べる
nth_day_of_week = get_NthDayOfWeek(tm[2])

# 結果を表示
print(f"{tm[0]}年{tm[1]}月{tm[2]}日は、その月で{nth_day_of_week}回目の{day_of_week}曜
日です。")

# 曜日とその月の何回目かに基づいて、今日のごみの種類と角度を取得
gomi_message, servo_angle = get_gomi_type(day_of_week, nth_day_of_week)

# 今日のごみの種類を表示
print(gomi_message)

# サーボモーターを動かす
move_servo(servo_angle)

# 次の取得まで待機
time.sleep(600)
```

　このコードは現在の日付からごみの種類を判断し、その結果でサーボモーターを動かすものです。get_gomi_type関数で、当日のごみの種類とサーボモーターの角度を決定します。

　プログラムを実行すると、今日の日付を取得し、曜日やごみの種類を表示します。サーボモーターもその結果に合わせて動きます。この処理は10分毎に繰り返されるため、最新の情報を得ることが可能です。

Chapter 6

お風呂の湯はりボタンを
スマホで遠隔操作

最近、スマートフォンと連動して操作できる製品が増えています。この
ような機能は Pico W でも実現可能です。この章では、IoT デバイスとし
ての Pico W の可能性を探求していきます。

Raspberry Pi
Pico W

Pico WでIoTデバイスを作ろう

無線LAN機能を備えたPico Wは、インターネット経由でデータをやり取りできます。この技術を使って、外出先から自宅の機器を操作したり、自宅の状況を確認したりする機能を持った装置を作ります。

お風呂の湯はりボタンを遠隔操作する装置を作ろう

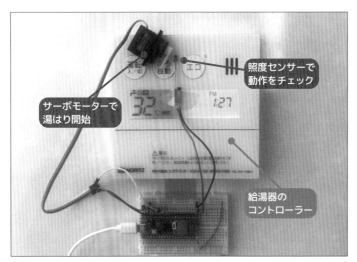

▲ 完成した装置

寒い日に外から帰ってきたら、すぐに暖かいお風呂に入りたいものです。IoT（Internet of Things）を使えば、その願いを叶えられます。IoTはインターネットを通じて、モノとデータ通信をする技術です。Pico WはWi-Fi機能が搭載されているので、IoTを活用した装置を作るのに適しています。

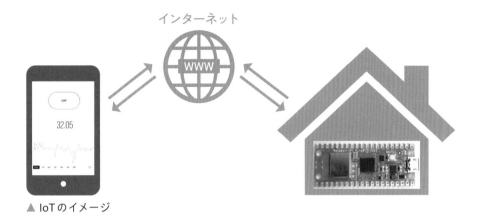

▲ IoT のイメージ

　本章では、外出先からスマートフォンを操作することにより、お風呂の「湯はりボタン」を押す装置を紹介します。また、後半部分では Pico W のデータを外出先から確認する方法も解説しています。これらの技術を習得することで、外出先から Pico W へのアクセスが容易になり、電子工作で実現できるアイディアのバリエーションが大幅に広がることでしょう。

6

お風呂の湯はりボタンを遠隔操作

サーボモーターを使って
ボタンを押してみよう

この装置はサーボモーターでお風呂の「湯はりボタン」を押します。サーボモーターを取り付けてボタンを押すまでの手順を見ていきましょう。

サーボモーターの取り付け

本装置で使用するサーボモーターは、Chapter 5で使用したSG90です。まず、サーボモーターをPico WのGPIO28番ピンに配線します。

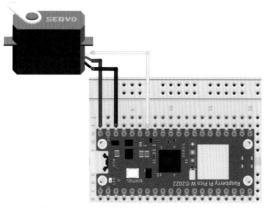

▲ サーボモーターの配線図

写真で示されている給湯器のボタンを押すと、お湯はりが始まります。このボタンの真上にサーボモーターのホーンを合わせて固定します。

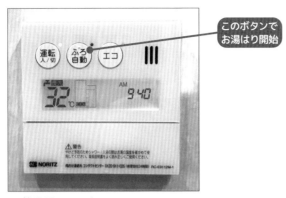

▲ 給湯器のコントローラー

　サーボモーターは、粘着力の強い両面テープを使ってコントローラーに固定します。弱いテープではすぐに外れてしまうので注意が必要です。サーボモーターとコントローラーのパネルがしっかりと接着するよう、モーターの位置や角度を調整し、接着面積をできるだけ大きくします。

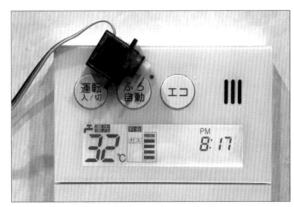

▲ サーボモーターを貼り付ける

サーボモーターでボタンを押す

サーボモーターを固定したら、ボタンを押すための最適な角度を探ります。以下のプログラムを使用し、サーボモーターの動きを確認します。

● button_servo_control.py

```python
from machine import PWM, Pin
import time

# サーボモーターの設定
servo1 = PWM(Pin(28))   # GPIO 28をPWMとして使用
servo1.freq(50)          # サーボモーターの周波数は50Hz

max_duty = 65535      # PWMの出力の最大値
dig_minus90 = 0.025  # -90°の時のデューティ比（0.5ms/20ms）
dig_plus90 = 0.12     # 90°の時のデューティ比(2.4ms/20ms)

# 指定された角度にサーボモーターを動かす関数
def move_servo(angle):
    # 角度が範囲内か確認
    if angle < -90 or angle > 90:
        raise ValueError("角度は-90度から90度の間でなければなりません")

    # 角度からデューティ比を計算
    duty = int(max_duty * (dig_minus90 + (dig_plus90 - dig_minus90) * (angle + 90) / 180)
)

    # サーボモーターにデューティ比を指定して動かす
    servo1.duty_u16(duty)

# サーボモーターを0度（基準位置）に動かす
move_servo(0)
time.sleep(1)

while True:
```

```
# BOOTSELボタンが押されているか確認
if rp2.bootsel_button() == 1:

    # サーボモーターを23度に動かす（ここでボタンが押される）
    move_servo(23)
    time.sleep(1)

    # サーボモーターを0度（基準位置）に戻す
    move_servo(0)
    time.sleep(1)

time.sleep(0.1)
```

　プログラムを動かす前には、サーボホーンを取り外しておきましょう。プログラムを実行すると、最初にサーボモーターは0度の位置へと動きます。これが基準位置となります。サーボホーンは0度の位置で、ボタンから少し離れる位置に取り付けます。

　while True:の無限ループでは、BOOTSELボタンが押されたかを確認し、押された場合にはサーボモーターを23度に動かし、その後基準位置に戻します。move_servo(23)の数値を変更することで動作角度を調整できます。角度は-90度から90度の間で設定可能です。

　プログラムは「main.py」としてPico Wに保存します。その後、電源を接続すると自動でプログラムが起動します。プログラムの角度設定を変えながら実際に給湯器のボタンを押せるか試し、確実にボタンが押せる角度を見つけます。

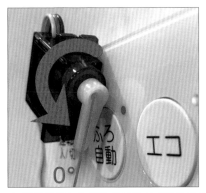

▲ 基準位置からどれだけ動かすかを決める

BlynkからPico Wを操作

外出先から先ほどのサーボモーターを動かすためにBlynkを使用します。簡単な設定でPico Wの遠隔操作を実現できます。

Blynkのアカウントを作成する

BlynkはIoTデバイスをスマートフォンやパソコンから遠隔操作できるようにするサービスです。Blynkを利用することで、スマートフォンとPico Wは専用サーバーを通じて通信します。

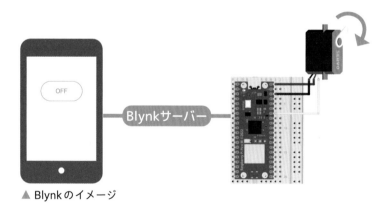

▲ Blynkのイメージ

Blynkは基本的に無料で利用可能です。追加機能が必要な場合は有料プラン[1]を選べますが、無料版でも充分な機能が提供されています。

1：10台または20台のデバイスを管理できる機能、10種類のテンプレート、豊富なウィジェット、テンプレートごとに20のデータストリーム、1か月分の履歴データの保存などの機能が利用できます。

　本書の執筆時点で、Blynk の設定はスマートフォンアプリだけでは完結できません。最初にパソコンのブラウザを使って設定作業を行います。

　Blynk のサイト（https://blynk.io/）にアクセスしたあと、「START FREE」をクリックしてアカウントを作成します。

　メールアドレスの認証をして、パスワードと名前を設定すると以下の画面が開きます。「Skip」をクリックします。

Quickstartの画面では「Cancel」をクリックします。

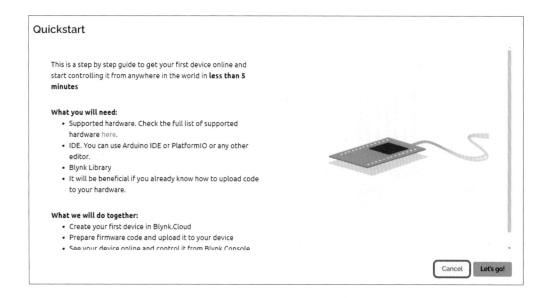

テンプレートの作成

BlynkとPico Wを接続するための準備として、Template（テンプレート）を作成します。テンプレートはPico Wのようなデバイスを操作するための設定をまとめたものです。

「Developer Zone」をクリックします。

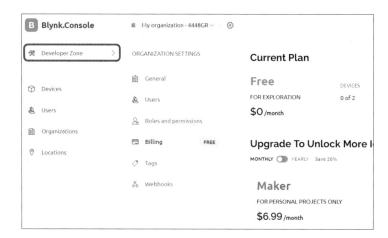

「New Template」をクリックします。

　NAMEの部分には「Pico W」と入力、HARDWAREは「Other」を選択して「Done」をクリックします。

認証トークンを取得

BlynkとPico Wを通信させるために認証トークンを取得する必要があります。認証トークンは、アプリとデバイス間の安全な通信を確立するために使われる文字列です。

「Add first Device」をクリックします。

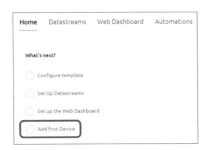

「DEVICE NAME」に「Pico W」と入力して、「Create」をクリックします。

画面右側にBlynkの認証トークンが表示されます。Pico Wでプログラムを作成するときに、このトークンが必要になります。トークンをコピーして保管しておきましょう。

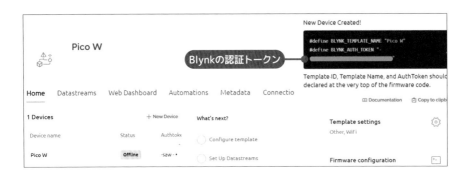

仮想ピンの作成

　Blynkでは仮想ピン（Virtual Pin）を使ってデータのやりとりをします。仮想ピンは、Blynkアプリとデバイス間の通信チャンネルを識別するためのラベルのようなものです。

　「Datastreams」のタブを開きます。Datastreamは送受信するデータについて設定をする仕組みです。

　「＋New Datastream」をクリックして、「Virtual Pin」を選択します。

今回はPico Wにオン・オフの指令を送るための仮想ピンを作成します。PINは「V1」を選択、DATA TYPEは「Integer」（整数型）とします。

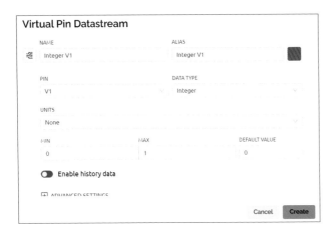

「Save」をクリックします。

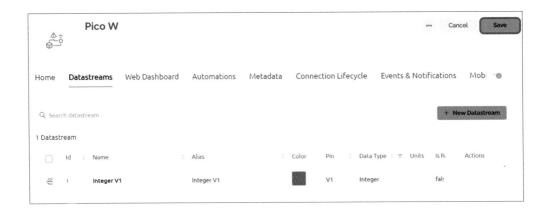

これでパソコン側の設定作業は完了です。

スマートフォンのアプリ画面を作成

　Blynk のアプリをスマートフォンにインストールします。このアプリは iOS と Android の両方で利用可能です。

　「Log In」をタップします。

ログインするとパソコンで作成したテンプレートが表示されます。テンプレートの部分をタップして、ボタンを設定していきます。

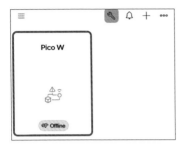

画面右上のスパナのアイコンをクリックして、編集モードに切り替えます。

画面下部の「＋」アイコンをタップして、「Widget Box」を開きます。

　ここではPico Wを制御するためのスイッチや計器を選ぶことができます。「Button」をタップするとテンプレート画面にボタンが配置されます。

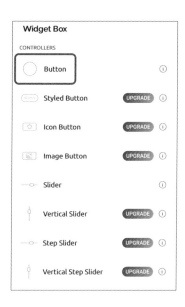

　ボタンの部分を長押しすると、移動や大きさの変更ができます。

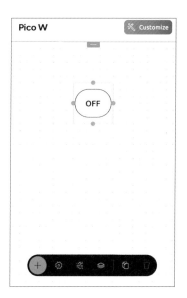

6

お風呂の湯はりボタンを遠隔操作

ボタンをタップして設定画面を開きます。さらに、DATASTREAM の設定画面を開きます。

「Integer V1 (v1)」を選択します。

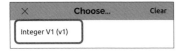

左上の×ボタンを押して、編集を終了します。

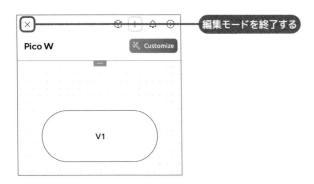

これでスマートフォンアプリ側の操作は完了です。

ライブラリの保存

　これからはPico Wの設定を行います。BlynkアプリからPico Wを操作するためには、Pico W上でBlynkサーバーに接続するプログラムを実行する必要があります。

　はじめに、Volodymyr Shymanskyy氏が開発したBlynkLib.pyをPico Wに保存します。BlynkLib.pyはPico WをBlynkサーバーに接続するためのライブラリであり、データ送受信を容易にする機能を提供します。

　まず、Thonnyを開いて、Pico Wに保存されているファイル一覧を表示します。

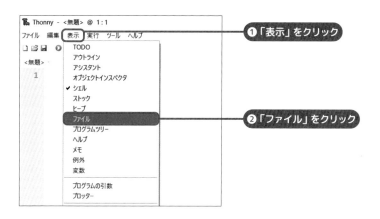

　Raspberry Pi Picoと表示された右側のメニューをクリックして、「新しいディレクトリ」を選択します。

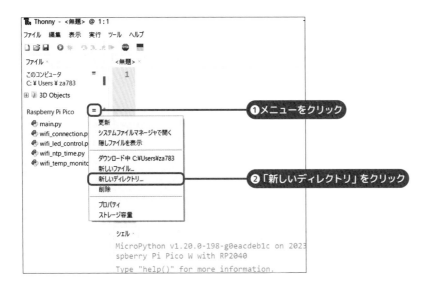

　「lib」という名前を入力してOKを押すと、libフォルダーができます。

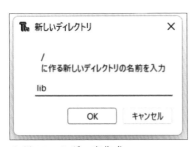

▲ libフォルダーを作成

　BlynkLib.pyは以下のWebページで公開されています。

- https://github.com/vshymanskyy/blynk-library-python/blob/master/BlynkLib.py

　ページにアクセスしたら、コードの右上にある「Copy raw file」ボタンをクリックします。すると、コードがクリップボードにコピーされます。

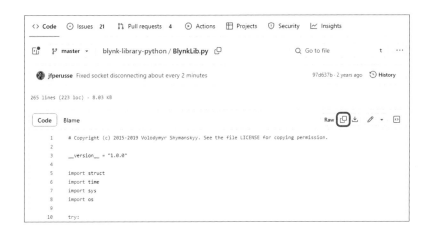

　Thonny で新規ファイルを作成後、プログラム編集エリアに先ほどコピーした BlynkLib.py のコードを貼り付けます。次に保存ボタンをクリックして、Pico W の lib フォルダーに「BlynkLib.py」というファイル名で保存します。

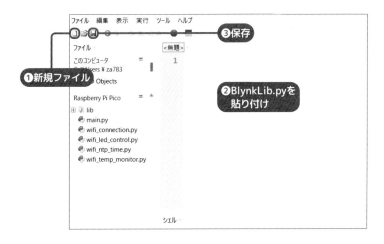

テストプログラムの作成

次に、以下のテストプログラムを実行して Pico W と Blynk が正常に連携できることを確認します。

● blynk_test.py

```python
from machine import Pin
import time
import network
import BlynkLib

# 無線LANへの接続
def connect_to_wifi(ssid, password):
    → 64ページ参照

# 自宅Wi-FiのSSIDとパスワードを入力
ssid = "YOUR NETWORK SSID"
password = "YOUR NETWORK PASSWORD"

# Wi-Fiに接続
connect_to_wifi(ssid, password)

# Blynkへの接続設定
BLYNK_AUTH = "YOUR TOKEN"  # Blynk 認証トークンをここに入力

# Blynkのインスタンスを作成
blynk = BlynkLib.Blynk(BLYNK_AUTH)

# LEDのピンを設定
led = Pin("LED", Pin.OUT)

# Blynkの仮想ピンV1からデータを受け取った時の処理
@blynk.on("V1")
def v0_write_handler(value):
    print(value[0])
    if int(value[0]) == 1:
```

```
        led.on()  # LEDを点灯
    else:
        led.off() # LEDを消灯

# Blynkと連携する無限ループ
while True:
    blynk.run()
```

　このプログラムは、Blynkアプリと連携してPico W本体のLEDを点灯・消灯するためものです。import BlynkLibの部分では先ほど保存したライブラリ（BlynkLib.py）を読み込みます。

　次に、Blynkとの連携のための認証トークンを設定します。BLYNK_AUTHの部分に、先ほど取得した認証トークンを入力してください。その後、Pico Wの基板上のLEDを操作するためのピンを設定します。

　@blynk.on("V1")はPythonの「デコレータ」という機能で、Blynkの仮想ピンV1からのデータを受け取ったときの動作を定義します。デコレータは、Pythonで関数に追加の処理を加えるための機能です。ここでは、blynk.on関数に対し、V1のデータ受信時の動作としてv0_write_handler関数を追加しています。

　Blynkアプリでボタンを押すと1が、離すと0がPico Wに送信されます。このコードでは送られてきた値が1であればLEDを点灯し、それ以外の場合はLEDを消灯します。

　最後に、Blynkとの連携を維持するための無限ループを実行しています。

6

お風呂の湯はりボタンを遠隔操作

BlynkとPico Wの連携を確認

アプリの設定とコードの準備ができたら、実際にプログラムを動かしてみましょう。

次にスマートフォンのBlynkアプリを開いてボタンを操作してみましょう。ボタンを押している間、Pico W本体のLEDが点灯します。

▲ アプリのボタンでLEDを操作

これにより、どこからでもPico Wを操作できるようになりました。プログラム中のLEDの点灯や消灯の部分を変更することで、さまざまな電子部品を外部から操作できます。

Section 04 組み合わせて作品にしよう

前項までに学んだサーボモーターの操作とBlynkの使用方法を組み合わせて、お風呂の湯はりボタンを遠隔操作する装置を完成させましょう。

お風呂の湯はりボタンを遠隔操作する装置のプログラム

Blynk側の設定は前項で説明したものをそのまま使用します。前項で紹介したテストコードのLEDを点灯する部分にサーボモーターを動かすコードを追加します。

● blynk_servo_control.py

```python
from machine import PWM, Pin
import time
import network
import BlynkLib

# 無線LANへの接続
def connect_to_wifi(ssid, password):
```
    → 64ページ参照

```python
# 指定された角度にサーボモーターを動かす関数
def move_servo(angle):
```
    → 138ページ参照

```python
# 自宅Wi-FiのSSIDとパスワードを入力
ssid = "YOUR NETWORK SSID"
password = "YOUR NETWORK PASSWORD"

# Wi-Fiに接続
connect_to_wifi(ssid, password)
```

```python
# Blynkへの接続設定
BLYNK_AUTH = "YOUR TOKEN"  # Blynk 認証トークンをここに入力

# Blynkのインスタンスを作成
blynk = BlynkLib.Blynk(BLYNK_AUTH)

# LEDのピンを設定
led = Pin("LED", Pin.OUT)

# サーボモーターの設定
servo1 = PWM(Pin(28))  # GPIO 28をPWMとして使用
servo1.freq(50)         # サーボモーターの周波数は50Hz

max_duty = 65535       # PWMの出力の最大値
dig_minus90 = 0.025  # -90°の時のデューティ比（0.5ms/20ms）
dig_plus90 = 0.12    # 90° の時のデューティ比(2.4ms/20ms)

# サーボモーターを0度（基準位置）に動かす
move_servo(0)
time.sleep(1)

# Blynkの仮想ピンV1からデータを受け取った時の処理
@blynk.on("V1")
def v0_write_handler(value):
    print(value[0])

    if int(value[0]) == 1:
        led.on()  # LEDを点灯

        # サーボモーターを23度に動かす
        move_servo(23)
        time.sleep(1)

        # サーボモーターを0度（基準位置）に動かす
        move_servo(0)
        time.sleep(1)
    else:
        led.off()  # LEDを消灯
```

```
# Blynkと連携する無限ループ
while True:
    blynk.run()
```

　コードを実行すると、サーボモーターの初期設定が行われ、サーボモーターは0度の位置に設定されます。Blynkアプリでボタンを操作すると、サーボモーターが23度に動き、お風呂のお湯はりボタンを押します。その後、サーボモーターは0度の位置に戻ります。信号の受信を確認する目的で、Pico W本体のLEDが点灯する機能を設けています。これにより、お風呂の湯はりボタンを遠隔から操作する仕組みを構築できました。

▲ Blynkアプリでお風呂の湯はりボタンを操作

応用編:照度センサーで
お湯はり状況をチェック

お風呂の湯はりボタンを外出先から操作する際、本当にボタンが押されたか不安になることがあります。この問題を解消する方法を考えてみましょう。

状態表示ランプの点灯状況をチェックしよう

給湯器で湯はりが始まると、コントロールパネルのLEDが点灯します。

▲ 湯はり中に点灯するLED

このLEDの光を照度センサーで測ることで、湯はりが始まったかを知ることが可能です。この測定データはBlynkのアプリ画面で確認できるように設定します。照度センサーのデータ表示は、先ほど作った遠隔操作のボタンと同一画面に配置できます。これにより、ボタンを押したあとにLEDが点いたか一目瞭然となるのが本作品のゴールです。

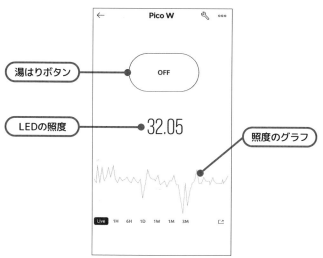

▲ 完成したBlynkアプリの画面

照度センサーでLEDの明るさを測定する方法

　照度センサーとして、フォトトランジスタのNJL7502Lを使用します。フォトトランジスタは光の強さに応じて電流が変化する特性があります。この特性を利用すれば、Pico Wで明るさを読み取ることが可能です。

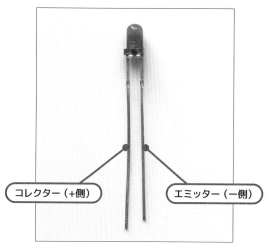

▲ NJL7502L

　NJL7502Lは LED と似た形状で、2本の端子があります。長い方の端子はコレクターと呼び、プラス側に接続します。短い方の端子はエミッターと呼び、マイナス側（GND）に接続します。

　光に応じて変化する電流を Pico W で測定可能な電圧に変換するために、10kΩ の抵抗器が必要です。抵抗器はカラーコードで識別されます。10kΩ の抵抗器は「茶黒橙金」で、各色は以下の意味を持ちます。

- 茶 (1)
- 黒 (0)
- 橙 (×1000)
- 金 (許容誤差 ±5%)

▲ 10kΩ の抵抗器

　まず Pico W の 3.3V ピンを抵抗器の一方の端に接続します。抵抗器には極性がないため、どちらの向きで使用しても問題ありません。抵抗器のもう一方の端は、NJL7502L のコレクター（長い方の端子）に接続します。

　NJL7502L のエミッター（短い方の端子）は Pico W の GND ピンに接続します。最後に、抵抗器と NJL7502L のコレクター端子の接続部分の間から、Pico W の GPIO26 番ピンにワイヤーを接続します。

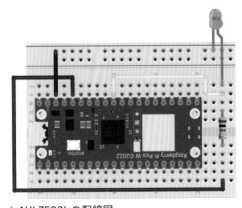

▲ NJL7502L の配線図

NJL7502Lを使用して光の明るさ（照度）を測定するプログラムは以下のようになります。

● lux_meter.py

```python
from machine import Pin, ADC
import time

# ADCの初期設定
adc = ADC(Pin(26))

# データシートに基づく光電流の値（μA）と照度（Lux）
DATA_SHEET_CURRENT = 46  # データシートによる光電流は46μA
DATA_SHEET_LUX = 100     # データシートによる照度は100Lux

# 電流値から照度を計算して返す関数
def get_lux():
    adc_value = adc.read_u16()  # ADCから16ビットの値を読み取る

    # 抵抗上の電圧を計算（電源電圧からADC値に基づく電圧を減算）
    voltage_across_resistor = 3.3 - (adc_value / 65535) * 3.3

    # 抵抗を通過する電流を計算（オームの法則を使用）
    current_through_sensor = voltage_across_resistor / 10000

    # 比例計算を使用して照度を計算
    lux = (current_through_sensor * 1e6 / DATA_SHEET_CURRENT) * DATA_SHEET_LUX

    return lux, current_through_sensor * 1e6  # 照度と電流を返す

while True:
    lux, current = get_lux()  # 照度と電流を取得

    # 照度と電流を出力
    print("Illuminance: {:.2f} lux, Current: {:.2f} μA".format(lux, current))

    time.sleep(1)
```

　必要なライブラリをインポートしたあとに、ADC（アナログ・デジタル・コンバータ）の設定をします。ADCは、アナログ信号（この場合はNJL7502Lからの電圧）をデジタル値に変換する役割を果たします。ここでは、Pico WのGPIO26番ピンをアナログ入力として設定しています。

　次に、NJL7502Lのデータシートを参照して光電流の値と照度の値を定義しています。

■　電気的光学的特性 (Ta=25℃)

項　　目	記　号	条　　　件	最　小	標　準	最　大	単　位
光電流1	I_{L1}	V_{CE}=5V, A光源, 100Lux	—	46	—	μA
光電流2　（注1）	I_{L2}	V_{CE}=5V, 白色LED, 100Lux	15	33	73	μA
暗電流	I_D	V_{CE}=20V	—	—	0.1	μA
ピーク感度波長	λ_P	—	—	560	—	nm
コレクター・エミッタ間飽和電流	$I_{CE(sat)}$	V_{CE}=0.24V, 白色LED, 100Lux	10	—	—	μA
エミッター・コレクタ間電圧	V_{ECL}	I_{ECL}=1μA, 白色LED, 100Lux	9	—	—	V
半値角	$\Theta_{1/2}$	—	—	±20	—	度
応答時間（上昇）	tr	V_{CE}=5V, I_C=1mA, R_L=100Ω	—	10	—	μs
応答時間（下降）	tr	V_{CE}=5V, I_C=1mA, R_L=100Ω	—	10	—	μs

（注1）：ばらつきの小さい光電流が必要な場合には、別途お問い合わせ下さい。

▲ 電気的光学的特性　NJL7502Lのデータシートより抜粋

　上記の表によれば、VCEが5VでA光源の照度100Luxの条件において、46μAの光電流がセンサーから流れることがわかります。光電流は、光の量に応じてセンサから流れる電流を指します。A光源は、太陽光や白熱電球の光を模擬した光源を指します。

　また、VCE=5Vはコレクターとエミッター間の電圧が5Vであることを意味します。しかし、本書のコードでは、このVCE=5Vの条件を考慮していません。Pico WのADCは3.3Vまでしか計測できないため、厳密な照度（Lux）の測定はできません。しかし、相対的な明るさの測定は可能で、本作品の要件を十分に満たすことができます。

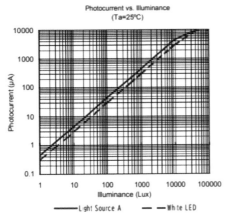

▲ 照度と光電流の関係　NJL7502Lのデータシートより抜粋

　上記は照度と光電流の関係を表したグラフです。このグラフによると、照度が増加するにつれて光電流も増加しており、照度と光電流の間にほぼ比例の関係が存在することがわかります。つまり、NJL7502Lに流れる光電流の値とデータシートの光電流の値の比率を計算し、その比率にデータシートの照度の値を乗算すれば、おおよその照度を計算できます。

　get_lux関数は、ADCから得られたデータをもとに照度を計算しています。まず、ADCから16ビットの値（0から65535までの整数値）を読み取り、次に抵抗器上の電圧を計算し、抵抗を通過する電流を計算しています。この電流値をもとに、比例の計算を使用して照度を計算します。具体的には抵抗を通過する電流値を1e6（10の6乗、つまり1,000,000）で乗算して、電流値をマイクロアンペア（μA）に変換します。次に、この電流値をDATA_SHEET_CURRENT（データシートに基づく光電流の値、ここでは46μA）で除算し、得られた比率にDATA_SHEET_LUX（データシートに基づく照度の値、ここでは100Lux）を乗算して、現在の照度（Lux）を算出しています。

　コードを実行すると、シェル画面に照度と電流が表示されます。実際に動かして数値の変化を確認してみましょう。センサーを手で覆ったり、照明の方向に向けたりすると数値が変化します。

```
シェル
>>> %Run -c $EDITOR_CONTENT
 Illuminance: 58.86 lux, Current: 27.08 μA
 Illuminance: 55.18 lux, Current: 25.38 μA
 Illuminance: 55.53 lux, Current: 25.54 μA
 Illuminance: 53.96 lux, Current: 24.82 μA
 Illuminance: 55.88 lux, Current: 25.71 μA
 Illuminance: 55.71 lux, Current: 25.63 μA
 Illuminance: 55.71 lux, Current: 25.63 μA
 Illuminance: 55.53 lux, Current: 25.54 μA
 Illuminance: 55.71 lux, Current: 25.63 μA
 Illuminance: 55.88 lux, Current: 25.71 μA
```

6

お風呂の湯はりボタンを遠隔操作

Blynk画面にセンサーデータを表示する方法

　Pico Wで測定した明るさをBlynkの画面に表示してみましょう。まずはパソコンからBlynkの「Developer Zone」を開き、前項で作成した「Pico W」のテンプレートを選択します。画面右上の「Edit」をクリックします。

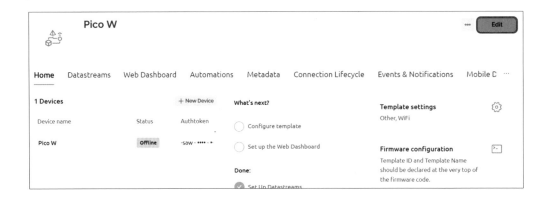

　「Datastreams」のタブを開き、「+ New Datastream」をクリックして、「Virtual Pin」を選択します。

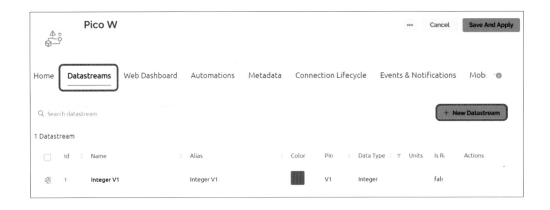

　Pico Wからセンサーデータを受け取るための仮想ピンを作成します。PINは「V4」を、DATA TYPEは「Double」を選択します。Double型は小数点を持つ数値を扱うことが可能です。「MAX」（最大値）は1000にしておきます。「DECIMALS」では小数点以下の桁数を設定できます。今回は「#.##」に設定します。

「Save And Apply」をクリックします。

　スマートフォンのBlynkアプリを開いて、前項で作成したテンプレートに明るさの表示を追加します。最初に設定画面を開きます。

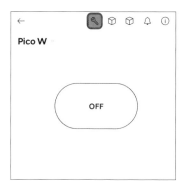

お風呂の湯はりボタンを遠隔操作

中央のエリアをタップして、「Widget Box」を開き、「Value Display」を選択します。

位置や大きさを調整後、「Value Display」の部分をタップして、設定画面を開きます。

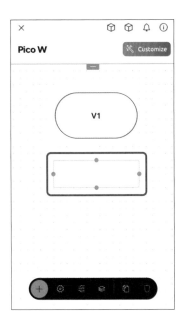

DATASTREAMの設定画面を開いて、「Double V4 (v4)」を選択します。

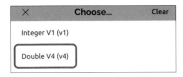

設定画面の「Design」を押すと、文字の大きさなど見た目の調整ができます。

データの変動を可視化するために、グラフも追加しておきます。「Widget Box」を開いて「SuperChart」を選択します。

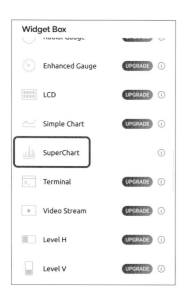

「SuperChart」のDATASTREAMの設定画面を開いて、「Double V4 (v4)」を選択します。以上でBlynkアプリ側の操作は完了です。

❶

❷

❸

🐾 Blynkと連携するためのコード

まずはシンプルなコードでBlynkにデータを送信して、通信確認をしてみましょう。サーボモーターを操作するコードは後ほど追加します。以下がテスト用のコードです。

● blynk_lux_transmission.py

```python
from machine import Pin, ADC
import time
import network
import BlynkLib


# 無線LANへの接続
def connect_to_wifi(ssid, password):
    → 64ページ参照


# ADCの初期設定
adc = ADC(Pin(26))


# データシートに基づく光電流の値 (μA) と照度 (Lux)
DATA_SHEET_CURRENT = 46   # データシートによる光電流は46μA
DATA_SHEET_LUX = 100      # データシートによる照度は100Lux


# 電流値から照度を計算して返す関数
def get_lux():
    → 163ページ参照


# 自宅Wi-FiのSSIDとパスワードを入力
ssid = "YOUR NETWORK SSID"
password = "YOUR NETWORK PASSWORD"


# Wi-Fiに接続
connect_to_wifi(ssid, password)


# Blynkへの接続設定
BLYNK_AUTH = "YOUR TOKEN"  # Blynk 認証トークンをここに入力


# Blynkのインスタンスを作成
blynk = BlynkLib.Blynk(BLYNK_AUTH)
```

6

お風呂の湯はりボタンを遠隔操作

```
while True:
    lux, current = get_lux()  # 照度と電流を取得
    print("Illuminance: {:.2f} lux, Current: {:.2f} μA".format(lux, current))

    # 照度をBlynkに送信
    blynk.virtual_write(4, lux)

    time.sleep(1)
```

　このコードは1秒ごとに照度を取得しBlynkに送信するためのものです。具体的には、繰り返し処理内のblynk.virtual_write(4, lux)の行で、BlynkアプリのDouble V4(v4)に照度データを送信しています。

　コードを実行後、スマートフォンのBlynkアプリ画面を確認してみましょう。照度のデータが表示され、1秒ごとにデータが更新されるはずです。

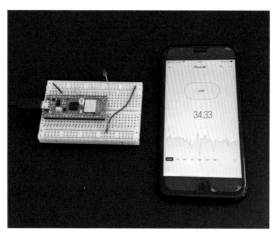

▲ Blynkアプリでデータを確認

サーボモーターの操作と明るさの取得を組み合わせる

　照度センサーのデータをBlynkに表示できました。しかし、サーボモーターを操作するコードがまだ含まれていないため、アプリ画面のボタンをタップしても反応がありません。先ほどのコードにサーボモーターを遠隔操作するためのコードを追加して、作品を完成させましょう。

　サーボモーターとNJL7502Lは以下のように接続します。使用するピンは基本的に前述までの回路と同様です。ワイヤーの取り回しの都合上、GNDの接続方法は一部変更されていますが、どのGNDピンを使用しても問題ありません。

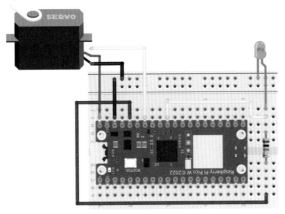

▲ サーボモーターとNJL7502Lの配線図

　以下が完成したコードです。

● blynk_oyuhari_complete_ver.py

```
from machine import PWM, Pin, ADC
import time
import network
import BlynkLib

# 無線LANへの接続
def connect_to_wifi(ssid, password):
    → 64ページ参照
```

6

お風呂の湯はりボタンを遠隔操作

```python
# 電流値から照度を計算して返す関数
def get_lux():
    → 163ページ参照


# 指定された角度にサーボモーターを動かす関数
def move_servo(angle):
    → 138ページ参照


# 自宅Wi-FiのSSIDとパスワードを入力
ssid = "YOUR NETWORK SSID"
password = "YOUR NETWORK PASSWORD"


# Wi-Fiに接続
connect_to_wifi(ssid, password)


# Blynkへの接続設定
BLYNK_AUTH = "YOUR TOKEN"  # Blynk 認証トークンをここに入力


# Blynkのインスタンスを作成
blynk = BlynkLib.Blynk(BLYNK_AUTH)


# LEDのピンを設定
led = Pin("LED", Pin.OUT)


# ADCの初期設定
adc = ADC(Pin(26))


# データシートに基づく光電流の値（μA）と照度（Lux）
DATA_SHEET_CURRENT = 46   # データシートによる光電流は46μA
DATA_SHEET_LUX = 100      # データシートによる照度は100Lux


# サーボモーターの設定
servo1 = PWM(Pin(28))  # GPIO 28をPWMとして使用
servo1.freq(50)          # サーボモーターの周波数は50Hz


max_duty = 65535       # PWMの出力の最大値
dig_minus90 = 0.025  # -90°の時のデューティ比（0.5ms/20ms）
dig_plus90 = 0.12    # 90° の時のデューティ比(2.4ms/20ms)
```

```python
# サーボモーターを0度（基準位置）に動かす
move_servo(0)
time.sleep(1)


# Blynkの仮想ピンV1からデータを受け取った時の処理
@blynk.on("V1")
def v0_write_handler(value):
    print(value[0])

    if int(value[0]) == 1:
        led.on()  # LEDを点灯

        # サーボモーターを23度に動かす
        move_servo(23)
        time.sleep(1)

        # サーボモーターを0度（基準位置）に動かす
        move_servo(0)
        time.sleep(1)
    else:
        led.off()  # LEDを消灯

while True:
    blynk.run()  # Blynkサーバーとの接続を維持

    lux, current = get_lux()  # 照度と電流を取得
    print("Illuminance: {:.2f} lux, Current: {:.2f} µA".format(lux, current))

    # 照度をBlynkに送信
    blynk.virtual_write(4, lux)

    time.sleep(1)
```

　このコードは、Pico Wを使用して、測定した明るさのデータをBlynkアプリに送信し、ま
たBlynkアプリからの指示に応じてサーボモーターを動かすものです。Blynkアプリのボタン
操作によりサーボモーターが動き、測定した明るさがBlynkアプリに表示されるようになって
います。

最後の部分にある while True: のループの中では、まず blynk.run() を呼び出して、Blynk アプリからの信号を待ち受けます。次に get_lux() を呼び出して照度と電流を取得します。その後、照度のデータを blynk.virtual_write(4, lux) で Blynk サーバーに送信しています。

完成した装置を給湯器のコントローラーに取り付けて、実際に動作させてみましょう。照度センサーはオスーメスのジャンパーワイヤーを使って LED の位置まで延長し、テープで固定します。

▲ 照度センサーの取り付け

Pico W が起動したら、スマートフォンの Blynk アプリ画面を開きます。ボタンを押して LED が点灯すると、以下のように明るさのグラフが変化します。これで、お湯はりが開始されたことを外出先からチェックできるようになりました。

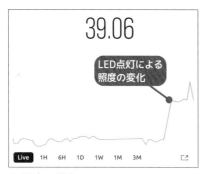

▲ 照度の動き

Chapter 7

玄関のカギは閉まってる？
Pico Wで
遠隔確認する装置

この章では、2台のPico Wを使ったデータの送受信に挑戦します。まるで小さな生き物が、おしゃべりしているような愛らしさを感じていただけるはずです。

玄関のカギ状態を確認する
装置を作ろう

夜寝る前に玄関のカギが閉まっているか気になることはありませんか？Pico W を利用すれば、そんな心配を解消できます。

2台のPico Wを通信させる

離れた部屋から玄関ドアの状況がわかる

赤外線障害物回避センサー　　　　　　　　　　　　　　電子ペーパー

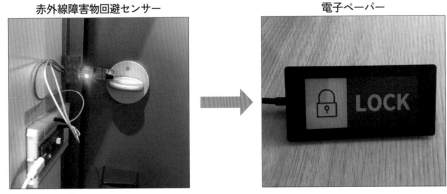

▲ 完成した装置

　Chapter 6で紹介したように、Pico W からスマートフォンアプリにデータを送ることが可能です。しかし、頻繁に確認したいデータの場合、アプリを都度開くのが面倒に思うかもしれません。この問題はPico W を 2 台使うことで解決できるのです。

　本章では、赤外線障害物回避センサーを使ってカギの開閉状態を検知し、その情報を別のPico W に送信する装置を紹介します。1 台を表示装置として活用し、もう 1 台から送信されるデータを受信して表示します。これにより、スマホのアプリを起動する必要がなくなります。

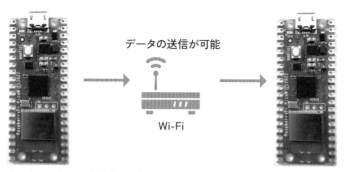

データの送信が可能

Wi-Fi

▲ 2台のPico Wを連携させるイメージ

　Pico Wは非常にコストパフォーマンスに優れたデバイスです。まだ2台目を持っていないのであれば、この機会に購入を考えてみるのもよいでしょう。

7

玄関のカギは閉まってる？ Pico Wで遠隔確認する装置

赤外線障害物回避センサーの使い方

赤外線障害物回避センサーを使用すると障害物の有無を検出することができます。まずは使い方を確認しましょう。

赤外線障害物回避センサーの取り付け

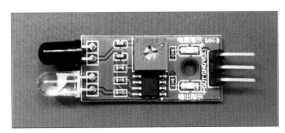

▲ 赤外線障害物回避センサー

このプロジェクトで使用する赤外線障害物回避センサーは、Amazonなどで簡単に購入可能です（せんごくネット通販での管理コード：EEHD-67JR）。センサーの先端には赤外線を送信する部分と受信する部分があります。送信部から出た赤外線が障害物にぶつかると、反射して受信部に戻ってきます。受信部が反射した赤外線をキャッチすることで、「障害物がある」と判断します。逆に、障害物がない場合は赤外線は反射せず受信部には戻らないため、「障害物がない」と判断される仕組みです。

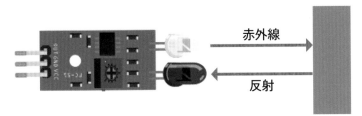

赤外線

反射

▲ 赤外線障害物回避センサーの動作原理

　センサーの接続方法を解説します。VCC（電源）ピンはPico Wの3.3Vピンに、GNDピンは
Pico WのGNDピンに接続します。最後に、OUT（出力）ピンをPico WのGPIO18番ピンに繋
げます。

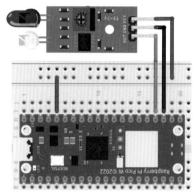

▲ 赤外線障害物回避センサーの配線図

　装置が完成したら、以下のようにセンサーをカギのツマミの横に取り付けます。このように
配置することで、ツマミが水平の位置にあるときセンサーは反応せず、オフの状態を示しま
す。逆に、ツマミが垂直の位置に回転したときにセンサーはオンとなります。この仕組みによ
り、カギの開閉状態を把握します。

障害物なし

障害物あり

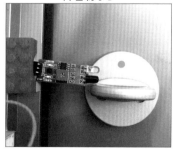

▲ カギの状態を検知する仕組み

障害物を検出する

　赤外線障害物回避センサーを使用して、障害物を検出するプログラムは以下のようになります。

● obstacle_sensor.py

```python
from machine import Pin
import time

# GPIO18番ピンにセンサーを接続
sensor = Pin(18, Pin.IN)

while True:
    # センサーの値を読む
    sensor_value = sensor.value()

    if sensor_value == 1:
        print("障害物なし")
    else:
        print("障害物あり")

    # 1秒間待つ
    time.sleep(1)
```

　Pin(18, Pin.IN)の部分では、GPIO18番ピンをセンサーの入力として設定します。無限ループ内で、センサーの値を読み取ります。センサーは物体を検知すると0を出力し、検知しなかった場合は1を出力します。このコードを実行すると、1秒おきに障害物の有無を表示します。

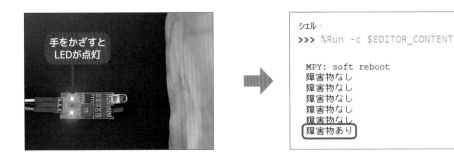

　センサーは物体を検知すると、モジュールに付いているLEDが点灯します。もしLEDが点かない、またはずっと点いている場合は、センサーの中央にあるつまみで感度調整が可能です。つまみを左にまわすと検出距離が短くなり、右にまわすと長くなります。

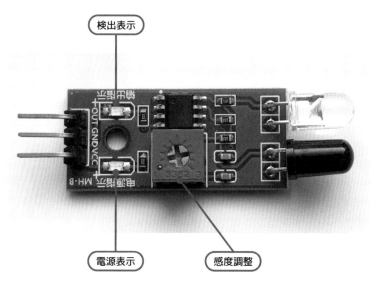

▲ 赤外線障害物回避センサーのLEDと感度調整

7

玄関のカギは閉まってる？Pico Wで遠隔確認する装置

2台のPico Wを通信させる方法

センサーの使用方法が確認できたら、次はデータの送受信方法を見ていきましょう。ここでは、2台のPico Wを使ってどのように情報を交換するかを解説します。

ソケット通信の使い方

玄関ドアの状況をもう一台のPico Wに送信するのにソケット通信を使用します。この場合、情報を受け取るPico Wを「サーバー」、送信する側を「クライアント」と呼びます。本プロジェクトでは玄関ドアに設置したPico W（クライアント）から別の部屋にあるPico W（サーバー）へと、玄関の状態を送信します。

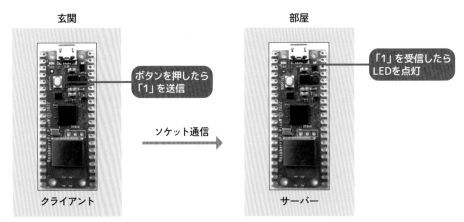

▲ ソケット通信のイメージ

簡単なコードを動かして、ソケット通信の基本的な使い方を確認してみましょう。最初に片方のPico Wで、サーバー側のコードを実行します。

● socket_server_test.py

```python
from machine import Pin
import network
import time
import socket

# 無線LANへの接続
def connect_to_wifi(ssid, password):
    → 64ページ参照

# 自宅Wi-FiのSSIDとパスワードを入力
ssid = "YOUR NETWORK SSID"
password = "YOUR NETWORK PASSWORD"

# Wi-Fiに接続
connect_to_wifi(ssid, password)

port = 80           # ポート指定
listenSocket = None  # 初期化

wlan = network.WLAN(network.STA_IF)
ip = wlan.ifconfig()[0]       # 自分のipアドレスを取得
listenSocket = socket.socket() # socketを作成
listenSocket.bind((ip, port))  # IPアドレスとポート番号をsocketに紐づける
listenSocket.listen(5)         # 接続の待受を開始
listenSocket.setsockopt(socket.SOL_SOCKET, socket.SO_REUSEADDR, 1)  # 指定されたソケット
オプションの値を設定

while True:
    print("接続待機中...")
    conn, addr = listenSocket.accept()  # 接続を受信
    print(addr, "が接続しました")        # 接続した相手のipアドレスを表示

    while True:
        # クライアントから最大1024バイトのデータを受け取る
        data = conn.recv(1024)
        print(data)
```

7

玄関のカギは閉まってる？Pico Wで遠隔確認する装置

185

```
# 受け取ったデータが0バイト場合、ソケットを閉じる
if len(data) == 0:
    print("ソケットを閉じます")
    conn.close()
    break
else:
    # 受け取ったデータがb"1"の場合、LEDを点灯させる
    if data == b"1":
        Pin("LED", Pin.OUT).on()
        time.sleep(0.5)
        Pin("LED", Pin.OUT).off()
```

このコードはネットワークを通じて外部のデバイスからの接続を待ち、データを受け取る役割を果たします。今回は80番ポートで通信接続を受け付けることにします。ポートは通信先を識別するための番号です。その後、デバイスのIPアドレスを取得し、このIPアドレスとポート番号をソケットに紐づけます。次に、while True:のループ内で接続を待っている状態になります。接続があればその情報を表示し、受け取ったデータを処理します。データが何もない（0バイト）場合は、その接続を閉じます。もし受け取ったデータがb"1"（バイト文字列としての1）であれば、LEDを点灯させます。

コードを実行すると、Pico Wに割り当てられたIPアドレスが表示されます。このアドレスはクライアントからサーバーへ接続する際に使用するので、メモしておきましょう。

```
シェル
>>> %Run -c $EDITOR_CONTENT
接続完了
IPアドレス = 192.168.1.90
接続待機中...
```

▲ IPアドレスを確認する

ソケット通信のクライアント設定

　コードの動作とIPアドレスが確認出来たら、クライアント用Pico Wの準備をします。ここでは2台のPico Wの動作を確認するためにThonnyを二つ開いて作業します。初期設定ではThonnyが一つしか起動できないので、設定を変更します。

　Thonnyの画面上部の「ツール」、「オプション」を順にクリックします。

　「Thonnyが1つしか起動しないようにする」のチェックを外して、Thonnyを再起動します。

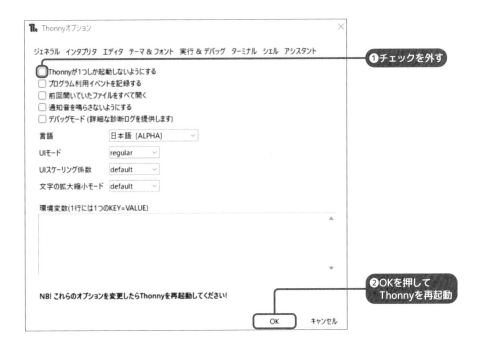

　設定変更によってThonnyを二つ開けるようになりました。

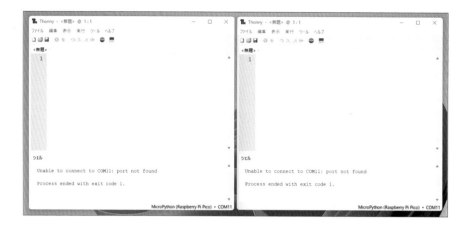

　クライアント用 Pico W をパソコンに USB 接続したら、Thonny 画面右下の「MicroPython(Raspberry Pi Pico)」表示をクリックして、新しい Pico W の COM ポートを選びます。

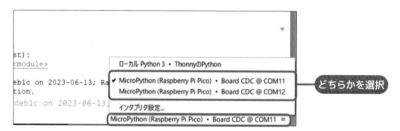

▲ デバイスの選択

　以下はクライアント側のコードです。

● socket_client_test.py

```
from machine import Pin
import socket
import network
import time
import rp2

# 無線LANへの接続
def connect_to_wifi(ssid, password):
```
　　　→ 64ページ参照

```
# 自宅Wi-FiのSSIDとパスワードを入力
ssid = "YOUR NETWORK SSID"
password = "YOUR NETWORK PASSWORD"

# Wi-Fiに接続
connect_to_wifi(ssid, password)

# サーバーのIPアドレスとポート番号を設定
server_ip = "192.168.1.90"  # サーバーのIPアドレスに変更
port = 80                    # ポート番号は80

# ソケットを作成
clientSocket = socket.socket()

# サーバーに接続
clientSocket.connect((server_ip, port))

last_sent_time = 0

while True:
    current_time = time.time()

    # Pico WのBOOTSELボタンが押されたときの処理
    if rp2.bootsel_button() == 1:
        Pin("LED", Pin.OUT).on()

        # 最後に送信してから1秒以上経過している場合
        if (current_time - last_sent_time > 1):
            clientSocket.send(b"1")        # サーバーに「1」を送信
            last_sent_time = current_time  # 最後に送信した時間を更新
    else:
        Pin("LED", Pin.OUT).off()

    time.sleep(0.1)
```

　このコードは、ネットワークを介してサーバーにデータを送信するためのものです。IPアドレスの部分には先ほど確認したサーバー側のIPアドレスを入力します。

```
server_ip = "192.168.1.90"   # サーバ
port = 80  # ポート番号は80
```

サーバー側のIPアドレスを入力する

まず、サーバーのIPアドレスとポート番号を指定しています。ループの中で継続的にPico WのBOOTSELボタンの状態を確認します。ボタンが押されて、かつ前回のデータ送信から1秒以上経過している場合のみ、b"1"というデータをサーバーに送信します。これは一定の間隔を空けて送信することにより、不要な重複送信を防ぐためです。

ソケット通信のテスト

サーバー用のPico Wで「socket_server_test.py」を実行します。すると、シェル画面に以下の表示が出ます。

```
シェル
>>> %Run -c $EDITOR_CONTENT
  接続完了
  IPアドレス = 192.168.1.90
  接続待機中...
```

▲ サーバー側のシェル画面

続いてクライアント側のPico Wで「socket_client_test.py」を実行します。ソケット通信が開始されると、サーバー側のシェル画面に以下の表示が出ます。

```
シェル
>>> %Run -c $EDITOR_CONTENT
  接続完了
  IPアドレス = 192.168.1.90
  接続待機中...
  ('192.168.1.85', 53605) が接続しました
```

▲ サーバー側で接続を確認

　接続に成功したら、クライアント側のBOOTSELボタンを押してみましょう。これにより、クライアント側のLEDが点灯して、サーバー側にデータを送信します。サーバー側のPico WのLEDが点灯して、シェル画面には受け取ったデータが表示されます。以上がソケット通信の基本的な使い方です。

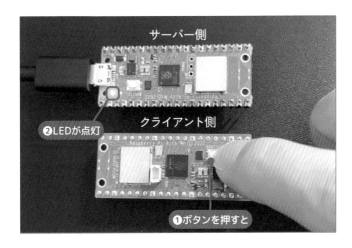

```
シェル
>>> %Run -c $EDITOR_CONTENT

  接続完了
  IPアドレス = 192.168.1.90
  接続待機中...
  ('192.168.1.85', 53605) が接続しました
  b'1'                     ─── 受信したデータが表示される
```

▲ ソケット通信のテスト

組み合わせて作品にしよう

ソケット通信ができるようになったので、実際にカギの状態を読み取り送信してみましょう。

クライアント側のコード

以下のコードは赤外線障害物回避センサーからの入力を監視し、サーバーへ情報を送信するためのものです。

● socket_door_client.py

```python
from machine import Pin
import socket
import network
import time
import rp2

# 無線LANへの接続
def connect_to_wifi(ssid, password):
    → 64ページ参照

# 自宅Wi-FiのSSIDとパスワードを入力
ssid = "YOUR NETWORK SSID"
password = "YOUR NETWORK PASSWORD"

# Wi-Fiに接続
connect_to_wifi(ssid, password)

# サーバーのIPアドレスとポート番号を設定
server_ip = "192.168.1.90"   # サーバーのIPアドレスに変更
```

```
port = 80                    # ポート番号は80

# ソケットを作成
clientSocket = socket.socket()

# サーバーに接続
clientSocket.connect((server_ip, port))

# GPIO18番ピンにセンサーを接続
sensor = Pin(18, Pin.IN)

last_sent_time = 0

# ドアの初期状態を1にする（0が開、1は閉）
last_door = 1

while True:
    current_time = time.time()

    # センサーの値を読む
    sensor_value = sensor.value()

    # ドアが開、かつ前回の状態が閉だった場合に処理を実行
    if sensor_value == 0:
        if last_door == 1:
            # 最後に送信してから1秒以上経過している場合
            if current_time - last_sent_time > 1:
                print("unlock")
                Pin("LED", Pin.OUT).on()
                clientSocket.send(b"u")        # サーバーに「u」を送信
                last_sent_time = current_time  # 最後に送信した時間を更新
                last_door = 0                  # ドアの状態を開（0）に更新

    # ドアが閉、かつ前回の状態が開だった場合に処理を実行
    else:
        if last_door == 0:
            # 最後に送信してから1秒以上経過している場合
            if current_time - last_sent_time > 1:
```

```
        print("lock")
        Pin("LED", Pin.OUT).off()
        clientSocket.send(b"l")        # サーバーに「l」を送信
        last_sent_time = current_time  # 最後に送信した時間を更新
        last_door = 1                  # ドアの状態を閉（1）に更新

    time.sleep(0.1)
```

　プログラムではGPIO18番ピンに接続された赤外線障害物回避センサーを使用して、カギが開いているか閉じているかを検出しています。センサーからの出力値は0または1で、0が開いている状態、1が閉じている状態を表します。

　プログラムは無限ループを使用してセンサーを継続的に監視します。カギが開いている（センサー値が0）かつ以前の状態が閉じていた（last_doorが1の）場合、またはその逆の場合にサーバーへ信号を送ります。前回の状態を考慮する理由は、カギの状態の変化が起きたときだけ反応させるためです。この条件分岐が無い場合、例えばカギが開いている間はずっと"unlock"信号を送り続けてしまうことになります。

　上記のコードを「main.py」の名前で保存します。サーバーのIPアドレス部分の変更を忘れないように注意してください。

サーバー側のコード

　以下のコードはクライアントからの信号に応じて、Pico WのLEDを点灯させる機能を持っています。

● socket_door_server.py

```
import network
import time
import socket
from machine import Pin

# 無線LANへの接続
def connect_to_wifi(ssid, password):
    → 64ページ参照
```

```python
# 自宅Wi-FiのSSIDとパスワードを入力
ssid = "YOUR NETWORK SSID"
password = "YOUR NETWORK PASSWORD"

# Wi-Fiに接続
connect_to_wifi(ssid, password)

port = 80                # ポート指定
listenSocket = None  # 初期化

wlan = network.WLAN(network.STA_IF)
ip = wlan.ifconfig()[0]           # 自分のipアドレスを取得
listenSocket = socket.socket()  # socketを作成
listenSocket.bind((ip, port))     # IPアドレスとポート番号をsocketに紐づける
listenSocket.listen(5)            # 接続の待受を開始
listenSocket.setsockopt(socket.SOL_SOCKET, socket.SO_REUSEADDR, 1)  # 指定されたソケット
オプションの値を設定

while True:
    print("接続待機中...")
    conn, addr = listenSocket.accept()  # 接続を受信
    print(addr, "が接続しました")          # 接続した相手のipアドレスを表示

    while True:
        # クライアントから最大1024バイトのデータを受け取る
        data = conn.recv(1024)
        print(data)

        # 受け取ったデータが0バイト場合、ソケットを閉じる
        if len(data) == 0:
            print("ソケットを閉じます")
            conn.close()
            break
        else:
            # 受け取ったデータがb"l"の場合、
            if data == b"l":
                print("lock")
                Pin("LED", Pin.OUT).off()
```

玄関のカギは閉まってる？Pico Wで遠隔確認する装置

```
# 受け取ったデータがb"u"の場合、
if data == b"u":
    print("unlock")
    Pin("LED", Pin.OUT).on()
```

　このプログラムが実行されると、接続したクライアントからデータの受信を開始します。データがb"l"なら「lock」と表示し、LEDを消灯します。データがb"u"なら「unlock」と表示し、LEDを点灯します。

動作確認

　ドアへの取り付け前に、一連の動作を確認しましょう。まずサーバー側のプログラムを実行してから、クライアント側を起動します。センサーに手を近づけたり遠ざけたりして、サーバー側のLEDが点灯するかを確認します。

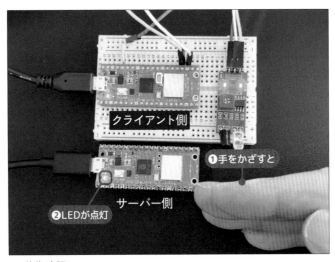

▲ 動作確認

玄関のカギ状態を送信

動作確認ができたらセンサーをドアに取り付けます。センサーの取り付けには固定のための支えが必要だったので、ブロック玩具を利用しました。

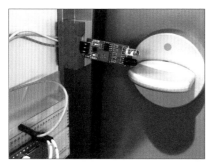

▲ センサーの固定

カギの開閉を正確に感知する場所を見つけ、そこにセンサーをテープなどで固定します。電源を入れてLEDが点灯する様子を見ながら、センサーの位置を調整するとよいでしょう。

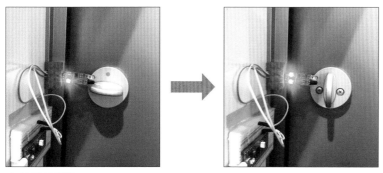

▲ 位置の調整

すべての準備ができたら、①サーバー側のPico W、②クライアント側のPico Wの順に起動します。ドアのカギを操作し、サーバー側のPico Wに接続されたLEDが正しく反応するかを確認しましょう。これにより、Pico Wを通じて玄関の鍵の状態を遠隔からでも確認できるようになりました。

玄関のカギは閉まってる？Pico Wで遠隔確認する装置

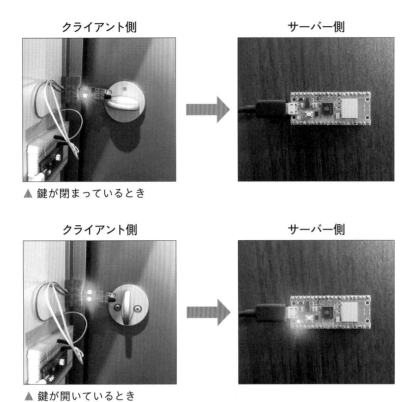

クライアント側　　　　　　　サーバー側

▲ 鍵が閉まっているとき

クライアント側　　　　　　　サーバー側

▲ 鍵が開いているとき

応用編:玄関のカギ状態を
電子ペーパーに表示

玄関のカギ状態をLEDの点灯で確認できるようになりました。しかし、開閉状態が直感的にわかりにくく、デザイン性に欠けるのも事実です。そこで、電子ペーパーを使ってカギの状態をわかりやすく表示する方法を紹介します。

電子ペーパーの特徴

　電子ペーパーは、紙のように見えるディスプレイの一種です。通常の液晶ディスプレイと違い、電源を切っても表示内容が保持されます。この特性から以下のようなメリットがあります。

- 省エネ
- 鮮明な表示
- 日光下でも読みやすい

▲ 2.9インチe-Paper タッチディスプレイ（白黒）

　今回使用する電子ペーパーは、Waveshare製の「Raspberry Pi Pico用2.9インチ e-Paper タッチディスプレイ（白黒）296×128」です。スイッチサイエンスなどで入手できます。本製品は白黒2色で表示する電子ペーパーで、表示部分と黒いフレームが一体化したスマートなデザインとなっています。追加のケースやフレームを用意しなくても、そのまま使える点が魅力です。

- https://www.switch-science.com/products/7325

電子ペーパーの動作確認をする

　この電子ペーパーはHAT（Hardware Attached on Top）タイプの接続方式を採用しており、Pico Wを直接差し込むだけで使用可能です。ただし、USB端子の向きを間違えないように注意しながら取り付けてください。

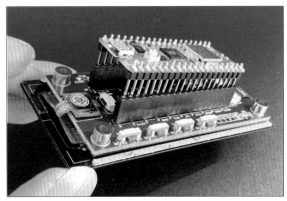

▲ 電子ペーパーの取り付け

　電子ペーパーを接続したら、メーカーのウェブサイトから提供されるサンプルコードを試してみましょう。ダウンロードはこちらから可能です。

- https://files.waveshare.com/upload/4/43/Pico_ePaper_CapTouch.zip

　サンプルコードは、ダウンロードしたZipファイル内の「python」フォルダーにある「Pico_CapTouch_ePaper_Test_2in9.py」です。コードを実行すると、テキストやボタンが電子ペーパーに表示されます。タッチパネルや電子ペーパー本体の物理ボタンを操作して、画面

上の数値を変更したり、画面を更新したりできます。これらの操作が問題なく行えれば、動作
確認は完了です。

電子ペーパーに画像を表示する

　電子ペーパーの動作をサンプルコードで確認をしたら、今度は画像を表示してみましょう。
本誌のサポートページから、カギの開閉状態を示す画像データ（lock.bmp と unlock.bmp）
をダウンロードできます。自分で画像を作成する場合は、128×296px の白黒の BMP 形式の画
像を用意しましょう。筆者は「Canva」というオンラインサービスを利用して、これらの画像
を作成しました。

　画像をパソコンに保存したら、Thonny を使って Pico W へ転送します。ファイル名を右クリ
ックして、「/にアップロード」を選択すると Pico W へ画像が保存されます。

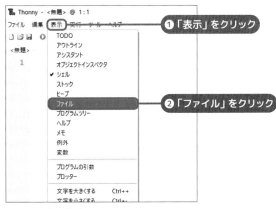

▲ ファイルを表示

玄関のカギは閉まってる？Pico W で遠隔確認する装置

7

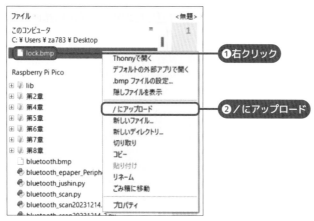

▲ ファイルをアップロード

　次に電子ペーパー操作用のライブラリを Pico W へ保存します。本書のサポートページから「epd2in9.py」をダウンロードして、前述の画像データと同様の方法で Pico W の lib フォルダーへ転送します。lib フォルダーがない場合は、151 ページの手順で作成します。電子ペーパーに画像を表示させるためのコードは次の通りです。

● epd2in9_bmp_test.py

```python
import framebuf
from machine import Pin, SPI
from epd2in9 import EPD_2in9, EPD_WIDTH, EPD_HEIGHT


# 画像をバイナリデータに変換する関数
def read_bmp_data(file_path, width, height):
    with open(file_path, "rb") as f:
        f.read(54)
        data = bytearray(width * height // 8)
        for y in range(height - 1, -1, -1):
            for x in range(width):
                byte_idx = y * width + x
                if int.from_bytes(f.read(3), "little") > 128:
                    data[byte_idx // 8] |= 0x80 >> (byte_idx % 8)
                else:
                    data[byte_idx // 8] &= ~(0x80 >> (byte_idx % 8))
    return data
```

```
# 電子ペーパーのインスタンスを作成
epd = EPD_2in9()

# 電子ペーパーを初期化
epd.init()

# 画像ファイルのパス
file_path = "lock.bmp"

# 画像データを読み込む
image_data = read_bmp_data(file_path, EPD_WIDTH, EPD_HEIGHT)

# 電子ペーパーに画像を表示
epd.display(image_data)
```

　このプログラムはBMP形式の画像ファイルを電子ペーパーに表示するためのものです。file_path = "lock.bmp"の部分に表示したい画像のファイル名を記述します。コードの概要は以下の通りです。

　read_bmp_data関数はBMPファイルを開き、画像データをバイナリ形式で読み込みます。バイナリ形式は、0と1のデータの並びのことで、電子ペーパーが理解できる形です。

　epd = EPD_2in9()の部分では、先ほど保存したepd2in9.pyからEPD_2in9というクラスを使うための準備をします。電子ペーパーを初期化した後、指定された画像ファイルからデータを読み込み、read_bmp_data関数を用いてデータ変換を行います。最後に、epd.displayメソッドを使って、変換した画像データを電子ペーパーに表示します。

▲ 電子ペーパーに表示された画像

玄関のカギは閉まってる？Pico Wで遠隔確認する装置

カギの状態を電子ペーパーに表示させる

以下は電子ペーパーを使って、ネットワーク経由で受け取った信号にもとづき「ロック」または「アンロック」の状態を表示するサーバー側のプログラムです。

● socket_door_server_epd2in9.py

```python
from machine import Pin, SPI
import network
import time
import socket
import framebuf
from epd2in9 import EPD_2in9, EPD_WIDTH, EPD_HEIGHT

# 無線LANへの接続
def connect_to_wifi(ssid, password):
    → 64ページ参照

# 画像をバイナリデータに変換する関数
def read_bmp_data(file_path, width, height):
    → 202ページ参照

# 自宅Wi-FiのSSIDとパスワードを入力
ssid = "YOUR NETWORK SSID"
password = "YOUR NETWORK PASSWORD"

# Wi-Fiに接続
connect_to_wifi(ssid, password)

port = 80              # ポート指定
listenSocket = None   # 初期化

wlan = network.WLAN(network.STA_IF)
ip = wlan.ifconfig()[0]          # 自分のipアドレスを取得
listenSocket = socket.socket()   # socketを作成
listenSocket.bind((ip, port))    # IPアドレスとポート番号をsocketに紐づける
listenSocket.listen(5)           # 接続の待受を開始
```

```python
listenSocket.setsockopt(socket.SOL_SOCKET, socket.SO_REUSEADDR, 1)  # 指定されたソケット
オプションの値を設定

# 電子ペーパーのインスタンスを作成
epd = EPD_2in9()

# 電子ペーパーを初期化
epd.init()

while True:
    print("接続待機中...")
    conn, addr = listenSocket.accept()  # 接続を受信
    print(addr, "が接続しました")          # 接続した相手のipアドレスを表示

    while True:
        # クライアントから最大1024バイトのデータを受け取る
        data = conn.recv(1024)
        print(data)

        # 受け取ったデータが0バイト場合、ソケットを閉じる
        if len(data) == 0:
            print("ソケットを閉じます")
            conn.close()
            break
        else:
            # 受け取ったデータがb"l"の場合、
            if data == b"l":
                # 画像データを読み込む
                image_data = read_bmp_data("lock.bmp", EPD_WIDTH, EPD_HEIGHT)

                # 電子ペーパーに画像を表示
                epd.display(image_data)

            # 受け取ったデータがb"u"の場合、
            if data == b"u":
                # 画像データを読み込む
                image_data = read_bmp_data("unlock.bmp", EPD_WIDTH, EPD_HEIGHT)
```

7

玄関のカギは閉まってる？Pico Wで遠隔確認する装置

```
# 電子ペーパーに画像を表示
epd.display(image_data)
```

　上記のプログラムはまず Wi-Fi に接続し、ソケット通信で外部からの接続を待ちます。接続が確立されると、クライアントからのデータを受け取ります。データが b"l"（ロック状態）の場合は lock.bmp を、b"u"（アンロック状態）の場合は unlock.bmp を電子ペーパーに表示します。

　このコードを実行した後、クライアント側の Pico W を起動します。クライアント側のコードは前項の「socket_door_client.py」がそのまま使用できます。電子ペーパーが醸し出す独特な表情により、作品の満足度が一気にアップしました。

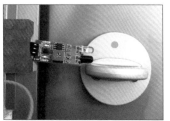

▲ 鍵が閉まっているときの表示

▲ 鍵が開いているときの表示

Chapter 8

今日は何着る?
洋服選び提案
ChatGPTロボット

Pico W で生成 AI を活用すれば、まるで知能を持っているかのように振る舞う装置を作れます。ぜひ、最新の AI 技術を体験してみてください。

Raspberry Pi
Pico W

Pico WでAIを活用した装置を作ろう

本章では、今日の天気にぴったりなコーディネートをChatGPTに質問し、その回答を表示する装置を作ります。Pico Wのような低価格のマイコンで最先端のAIを活用できることに、大きな可能性を感じていただけるはずです。

ChatGPTの機能はPico Wでも利用できる

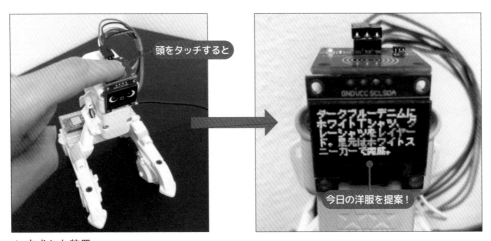

頭をタッチすると

今日の洋服を提案！

▲ 完成した装置

　近年、AI技術は急速に進化し、世界中で多くのサービスや機能が登場しています。その中でも特に優れた性能を持ち、多くの人々に利用されているのがChatGPTです。ChatGPTはチャット形式で利用できる文章生成AIで、ユーザーの入力した文章を正確に理解し、自然な言語で的確な回答を提供します。

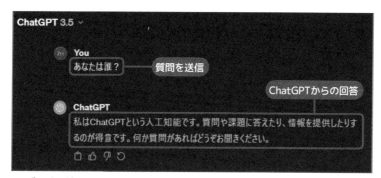

▲ ブラウザ版 ChatGPT の画面

　ChatGPT の機能は API（Application Programming Interface）を通じて利用可能であり、Pico W からもメッセージを送り回答を受けることができます。複雑な推論処理を ChatGPT（OpenAI）のサーバー上で行うため、Pico W のように計算能力が限られたデバイスでも、高度な AI 機能を利用可能です。

　Pico W はパソコンのようにキーボード入力はできないものの、インターネットやセンサーから得た情報を定型文と組み合わせることで、現在の状況に合った質問が送信可能です。受け取った回答をディスプレイに表示すれば、気の利いたメッセージを出力するロボットのような装置を作成できます。

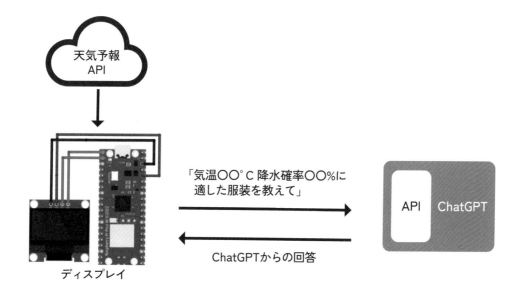

▲ Pico W から ChatGPT を使用するイメージ

8

今日は何着る？洋服選び提案 ChatGPT ロボット

ChatGPTからメッセージを取得してみよう

洋服選び提案装置の要となる部分の開発を始めていきましょう。ここではChatGPT APIを活用してメッセージの送受信を行う方法について解説します。

ChatGPT APIの利用料金

ChatGPT APIの利用料金は前払い制となっており、使用量に応じて料金がかかります。事前にアカウントの作成とクレジットカードの登録、クレジットの購入が必要です[1]。クレジットの最低購入額は5ドルとなっています。

料金は使用するAIモデルにより変わります。モデルとは質問にどう答えるかを決める仕組みのことで、種類によって回答の精度が変わってきます。本章で使用する「gpt-3.5-turbo-1106」モデルの2023年12月時点での価格は次の通りです。

- 入力時の価格：1,000トークンあたり0.0010ドル
- 出力時の価格：1,000トークンあたり0.0020ドル

料金は入力（ユーザーの質問）と出力（ChatGPTの回答）で使用するトークンの量によって変動します。トークンとは単語数を計測する単位のことで、日本語の場合1,000トークンで約750文字となります。実際の価格を計算してみると、例えば「gpt-3.5-turbo-1106」を使い、それぞれ1,000トークン以内で入力と出力をしたとします。この場合、入力と出力の合計金額は0.003ドルです。0.003ドルは1ドル150円のレートで0.45円になります。「gpt-3.5-turbo-1106」であれば非常に低価格で利用できるため、個人で使う分にはさほど料金を気にすることはないでしょう。ただし、使用できるモデルや料金は変更されることがあります。以下のサイトで最新の情報を確認してください。

- https://openai.com/pricing

1：サービスの利用料金をアカウントにチャージすることを指します。

APIキーを取得する

　ChatGPT APIを利用するにはまず、アカウントを作成してAPIキーを取得する必要があります。まずOpenAIのウェブサイトにアクセスします。

- https://platform.openai.com/overview

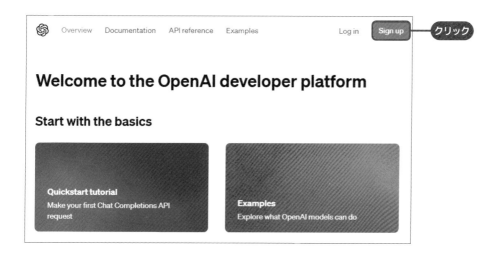

　右上の「Sign up」をクリックしてOpenAIのアカウントの作成を行います。

　メールアドレス、パスワードを入力します。すると、OpenAIから確認メールが指定のメールアドレス宛に送信されます。確認メール内にある「Verify email address」のリンクをクリックしてください。これにより、メールアドレスの認証が完了し、アカウント名の設定画面に移動します。そこで名前と誕生日を入力します。

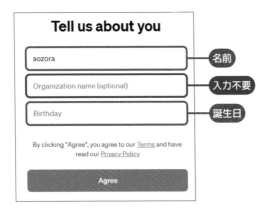

　Overview画面に戻り、画面左側の「Settings」のアイコンをクリックします。

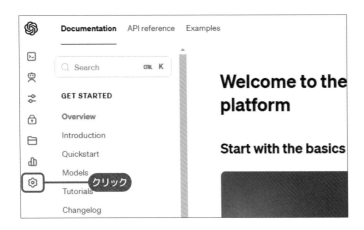

「Billing」をクリックします。

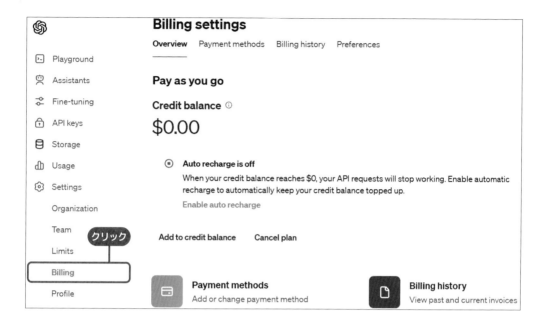

「Add to credit balance」をクリックします。

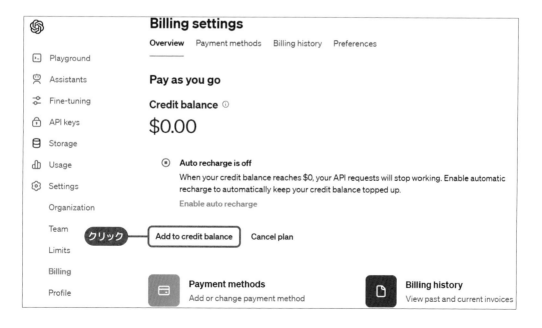

8

今日は何着る？洋服選び提案ChatGPTロボット

クレジットの購入金額を入力します。5ドルから100ドルまでの金額を入力できます。

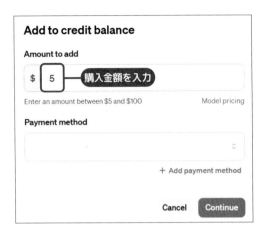

支払い情報を確認して、「Confirm payment」をクリックします。これで支払いが完了し、アカウントにクレジットが追加されました。

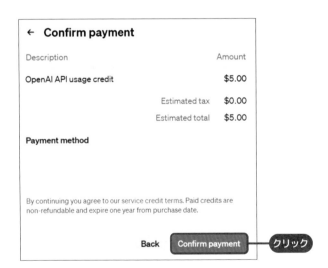

再びOverview画面に戻り、画面左側の「API keys」のアイコンをクリックします。

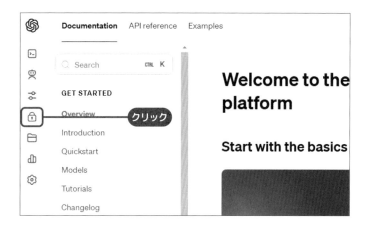

「Start verification」ボタンをクリックして、電話番号の認証をします。ボタンが表示されない場合は認証作業は不要です。

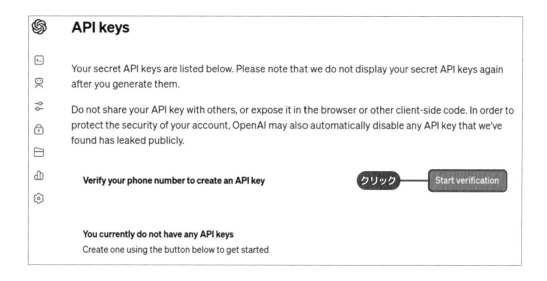

8

今日は何着る？洋服選び提案ChatGPTロボット

認証のための電話番号を11ケタで入力し、「Send code」ボタンをクリックしてください。

　入力した電話番号にSMSで認証コードが送信されます。認証コードを入力し、「Verify」ボタンをクリックすると認証が完了します。
　APIキーの名前を入力し、「Create secret key」をクリックします。名前の入力は必須ではありませんが、複数のAPIキーを管理する際に識別しやすくなります。

　「Create new secret key」を押すと、APIキーが表示されるのでコピーします。一度表示されたAPIキーは再度表示できません。また、第三者による悪用を防ぐため、APIキーの管理には注意が必要です。

ChatGPTへのメッセージ送信プログラム

　以下のコードは、ChatGPT APIを使用するための基本的なものです。このコードを実行すると、「あなたは誰？」というユーザーの質問と、それに対するChatGPTの返答がシェル画面に表示されます。

● chatgpt_api_request_sender.py

```python
import time
import network
import urequests as requests
import json

# 無線LANへの接続
def connect_to_wifi(ssid, password):
    → 64ページ参照

# 自宅Wi-FiのSSIDとパスワードを入力
ssid = "YOUR NETWORK SSID"
password = "YOUR NETWORK PASSWORD"

# Wi-Fiに接続
connect_to_wifi(ssid, password)

# OpenAI API key
openai_api_key = "YOUR OpenAI API key"  # 前項で発行したAPI Keyに置き換えてください

# OpenAI Chat Completion APIエンドポイントを設定
ENDPOINT = "https://api.openai.com/v1/chat/completions"

# ChatGPTの応答を取得する関数
def get_chat_response(prompt):
    # APIリクエストヘッダーを設定
    headers = {
        "Content-Type": "application/json; charset=utf-8",
        "Authorization": "Bearer " + openai_api_key,
    }
```

→ 64ページ参照

8

今日は何着る？洋服選び提案ChatGPTロボット

```python
    # APIリクエストデータを設定
    data = {
        "model": "gpt-3.5-turbo-1106",  # 使用するモデルを指定
        "messages": [{"role": "user", "content": prompt}],  # ユーザーのメッセージを設定
    }

    # APIリクエストを送信
    json_data = json.dumps(data)  # データをJSON形式に変換
    encoded_data = bytes(json_data, "utf-8")  # データをバイト形式に変換
    response = requests.post(ENDPOINT, headers=headers, data=encoded_data)  # リクエスト
を送信

    # API応答を解析
    response_json = json.loads(response.text)  # 応答をJSON形式で解析
    message = response_json["choices"][0]["message"]["content"].strip()  # 応答メッセージ
を取得
    return message

# ChatGPTへ送るメッセージを設定
prompt = "あなたは誰？"
print("User: " + prompt)

# ChatGPTの応答を取得
chat_response = get_chat_response(prompt)
print("ChatGPT: " + chat_response)
```

プログラム内のopenai_api_key変数に、先に取得したAPIキーを入力してください。

```python
# Wi-Fiに接続
connect_to_wifi(ssid, password)

# OpenAI API key
openai_api_key = "⌷⌷⌷⌷⌷⌷⌷⌷⌷⌷⌷⌷⌷⌷⌷⌷⌷⌷⌷⌷⌷⌷⌷⌷⌷⌷⌷⌷⌷⌷"
# OpenAI Chat Completion APIエンドポイントを設定
ENDPOINT = 'https://api.openai.com/v1/chat/completions'
```

取得したAPIキーを入力

　get_chat_response関数は、ユーザーからのプロンプト（質問）を受け取り、APIに送信して応答を取得します。まずAPIリクエスト用のヘッダーを設定します。次に、data変数で使用する言語モデル「gpt-3.5-turbo-1106」とユーザーのメッセージを指定します。ここでの"messages": [{"role": "user", "content": prompt }]は、APIに送るデータの一部です。"role": "user"は、メッセージの送信者がユーザーであることを示し、"content": promptは、そのユーザーが送る具体的なメッセージ内容を表します。このデータをJSON形式に変換し、さらにバイト形式に変換してから、requests.postメソッドでAPIに送信します。APIからの応答はJSON形式で返ってくるので、それを読み取りChatGPTのメッセージを得ます。

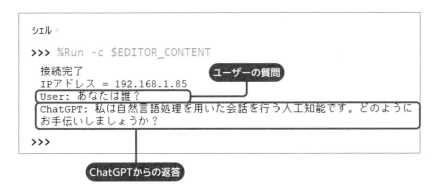

▲ シェル画面に表示されたメッセージ

ChatGPT APIから取得できるデータの詳細は以下を確認してください。

• https://platform.openai.com/docs/api-reference/chat/create

8

今日は何着る？洋服選び提案ChatGPTロボット

OLEDディスプレイの使い方

前項ではChatGPTに質問し、回答を得ることができました。ここからは、文字や画像を小型ディスプレイに表示する方法を見ていきます。

OLEDディスプレイの接続方法

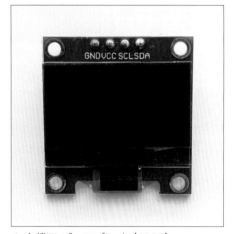

▲ 有機ELディスプレイ（OLED）

　PCを使用せずにChatGPTの回答を確認するには、別売りのディスプレイが必要です。ここでは、秋月電子通商などで入手できる128×64ドットの有機ELディスプレイ「0.96インチ128×64ドット有機ELディスプレイ(OLED)白色」（秋月電子の販売コード：112031）を使用します。Pico Wでプログラミングを行うことにより、文字や図形、画像を表示できます。小型ですが128×64ピクセルの解像度を持っているため、自由度の高い表示が可能です。

▲ OLEDディスプレイの配線図

このディスプレイで採用されている、SCLとSDAの2本の信号線を用いる通信方式をI²Cといいます。Pico WとOLEDディスプレイ間を少ない信号線で接続できる、シンプルな通信方法です。GNDピンはPico WのGNDピンに、VCC（電源）ピンはPico Wの3.3Vピンに接続します。さらに、データ転送用ピンのSCLをPico WのGPIO1番ピンに、SDAをPico WのGPIO0番ピンに接続します。

ライブラリのインストール

Pico WとOLEDディスプレイの接続後、ディスプレイ操作用の`ssd1306@micropython-lib`ライブラリをインストールします。「ssd1306」はOLEDディスプレイを制御するICの名前です。このライブラリはThonnyを使用してインストールできます。

Thonnyを開いたら、「ツール」、「パッケージを管理」の順にクリックします。

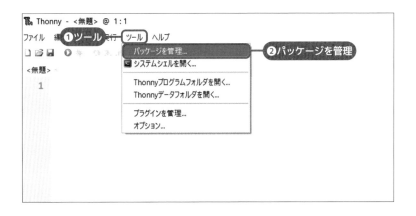

検索ボックスに「ssd1306」を入力して、目的のライブラリを探します。検索結果に表示された「ssd1306@micropython-lib」をクリックします。

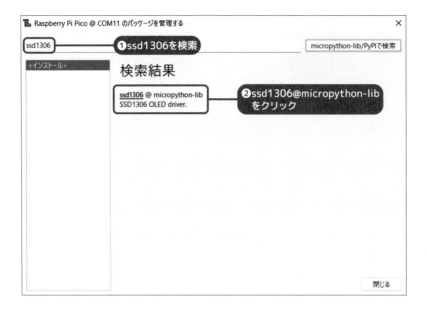

「インストール」をクリックすると、ライブラリのインストールが開始されます。

　インストールが完了したら、ファイルを確認してみましょう。「lib」フォルダが作成され、その中にライブラリが保存されています。

▲ インストールされたライブラリ

OLEDディスプレイに文字を表示

　OLEDディスプレイに文字を表示するための基本的なコードを以下に示します。

● ssd1306_test.py

```python
from machine import Pin, I2C
from ssd1306 import SSD1306_I2C

# I2C設定
i2c = I2C(0, scl=Pin(1), sda=Pin(0))

# OLEDディスプレイの初期化
oled = SSD1306_I2C(128, 64, i2c)

# 画面をクリア
oled.fill(0)

# テキストを表示
oled.text("SSD1306 OLED", 0, 10)  # テキストを(0, 10)の位置に表示
oled.text("Pico W", 40, 35)  # テキストを(40, 35)の位置に表示

# 画面を更新してテキストを表示
oled.show()
```

8

今日は何着る？洋服選び提案ChatGPTロボット

　2行目のimport文ではssd1306ライブラリからSSD1306_I2Cをインポートして、OLEDディスプレイを制御します。次の部分ではI²C通信を設定します。I²Cの0番を使用し、SCL（クロックライン）をGPIO1番ピンに、SDA（データライン）をGPIO0番ピンに接続しています。

　その後、128×64ピクセルの解像度を持つOLEDディスプレイのインスタンスを作成し、これを変数oledに割り当てます。oled.fill(0)の行でディスプレイをクリアし、全てのピクセルを黒に設定します。

　続いて、oled.text関数を使ってディスプレイにテキストを表示します。最初のテキストは'SSD1306 OLED'で、画面の上部（x座標0、y座標10の位置）に表示されます。次のテキストは'Pico W'で、画面の中央付近（x座標40、y座標35の位置）に表示されます。最後に、oled.show()を実行することで、これまでの設定やテキストがディスプレイに反映されます。

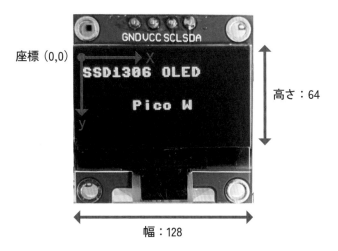

▲ OLEDディスプレイの表示可能領域

日本語フォントを使えるようにする

　ChatGPTからの回答をOLEDディスプレイで表示するためには、日本語表示が必要です。しかし、ssd1306ライブラリでは日本語の表示ができません。そのため、Tamakichiさんが公開している「Raspberry Pi Pico MicroPython用美咲フォントライブラリ」を使用します。このライブラリは、門真なむさんが開発した「美咲フォント」をPicoシリーズ用にカスタマイズしたものです。

　「Raspberry Pi Pico MicroPython用美咲フォント」には1,006字の基本的な漢字が収録されています。これはPico Wのメモリリソースの限界を考慮したものです。このフォントに含まれていない複雑な漢字を表示しようとすると、ディスプレイ上では「□」として表示されます。

　まず、pico_MicroPython_misakifontのWebページにアクセスします。

- https://github.com/Tamakichi/pico_MicroPython_misakifont

　ページの上部にある「Code」という緑色のボタンをクリックしたあと、ドロップダウンメニューから「Download ZIP」を選択します。

▲ フォントライブラリのダウンロード

今日は何着る？洋服選び提案ChatGPTロボット

8

　これにより、必要なファイルが含まれた圧縮ファイル（ZIPファイル）がダウンロードされます。ZIPファイルを展開後、「misakifont」というフォルダーをPCのデスクトップに移動します。Thonnyのファイルエリアで「misakifont」を右クリックして、「/にアップロード」を選択するとPico Wへフォルダが保存されます。

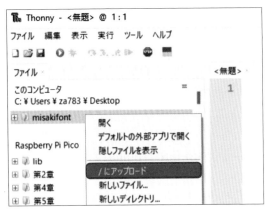

▲ misakifontをアップロード

　以下のコードはOLEDディスプレイに美咲フォントを用いて文字を表示するためのものです。

● ssd1306_misakifont_scroller.py

```python
from machine import Pin, I2C
from ssd1306 import SSD1306_I2C
from misakifont import MisakiFont
import time


# 1文字分のビットマップデータを表示する関数
def show_bitmap(oled, fd, x, y, color, size):
    for row in range(7):
        for col in range(7):
            if (0x80 >> col) & fd[row]:

                # 拡大されたピクセルの座標を計算
                for dy in range(round(size)):
                    for dx in range(round(size)):
                        oled.pixel(int(x + col * size + dx), int(y + row * size + dy), co
```

```
lor)
    oled.show()
```

```
# テキスト全体をOLEDディスプレイに表示する関数
def show_string(oled, mf, string, x, y, color, size):
    for c in string:
        d = mf.font(ord(c))  # 文字をフォントデータに変換

        # 行の終わりに達した場合、次の行に移動
        if x + 8 * size > 128:
            x = 0  # X座標をリセット
            y += int(8 * size)  # 次の行に移動

        # 画面の高さを超えた場合、画面をスクロールして新しい行を表示
        if y + 8 * size > 64:
            oled.scroll(0, -int(8 * size))  # 画面をスクロール
            y -= int(8 * size)  # Y座標を調整
            oled.fill_rect(0, y, 128, int(8 * size), 0)  # 新しい行をクリア

        # 各文字をビットマップとして表示
        show_bitmap(oled, d, x, y, color, size)
        x += int(8 * size)  # 次の文字のX座標を計算
        time.sleep(0.05)
```

```
i2c = I2C(0, scl=Pin(1), sda=Pin(0))  # I2C設定
oled = SSD1306_I2C(128, 64, i2c)  # OLEDディスプレイの初期化
oled.fill(0)  # 画面をクリア
mf = MisakiFont()  # 美咲フォントの初期化
```

```
str = "Pico Wは低価格で高性能なマイコンです。"
size = 1.5  # 文字のサイズを1.5倍に設定
```

```
# 文字列を表示
show_string(oled, mf, str, 0, 0, 1, size)
```

　from misakifont import MisakiFontという行は、先ほどアップロードしたmisakifontモジュールからMisakiFontクラスをインポートして使えるようにしています。

show_bitmap関数は1文字分のビットマップデータを受け取り、それをOLEDディスプレイに表示します。ビットマップとは、画像を点の集まりとして表現する方法です。

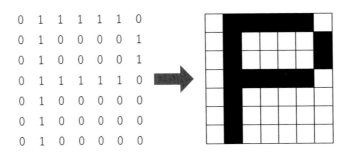

```
0  1  1  1  1  1  0
0  1  0  0  0  0  1
0  1  0  0  0  0  1
0  1  1  1  1  1  0
0  1  0  0  0  0  0
0  1  0  0  0  0  0
0  1  0  0  0  0  0
```

▲ ビットマップのイメージ

show_string関数は、あたえられた文字列をディスプレイに表示します。文字列の各文字に対してshow_bitmap関数を呼び出し、文字を一つずつディスプレイに描画します。文字がディスプレイの幅を超えた場合は自動的に改行やスクロールを行います。

最終的には変数strに設定されたテキストを、指定した位置とサイズでディスプレイに表示します。

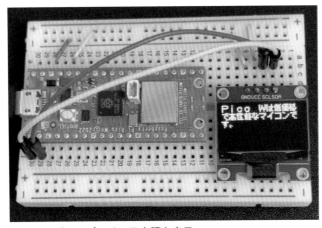

▲ OLEDディスプレイに日本語を表示

OLEDディスプレイに顔を表示

　洋服選び提案ロボットは、ユーザーからの指示があるときにのみ提案を行うように設計します。ユーザーの指示を待つ間、OLEDディスプレイに顔を表示することとします。ここではディスプレイ上で動きのある顔を表示する方法について説明します。

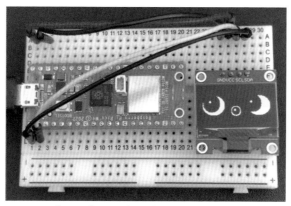

▲ OLEDディスプレイに顔を表示

　以下のプログラムは、OLEDディスプレイに表情のある顔を描画します。

● ssd1306_face_animation.py

```
from machine import Pin, I2C
from ssd1306 import SSD1306_I2C
import time
import random
import math

# OLEDディスプレイのサイズ設定
width = 128
height = 64

# Raspberry Pi PicoのI2C設定
i2c = I2C(0, scl=Pin(1), sda=Pin(0), freq=400000)
oled = SSD1306_I2C(128, 64, i2c)

# 塗りつぶされた円を描画する関数（目と鼻のハイライト）
```

8

今日は何着る？洋服選び提案ChatGPTロボット

```python
def draw_filled_circle(x0, y0, radius, color=1):
    for y in range(y0 - radius, y0 + radius):
        for x in range(x0 - radius, x0 + radius):
            if (x - x0) ** 2 + (y - y0) ** 2 <= radius**2:
                oled.pixel(x, y, color)


# 楕円を描画する関数（目の形）
def draw_ellipse(x0, y0, width, height, color=1):
    for y in range(y0 - height, y0 + height):
        for x in range(x0 - width, x0 + width):
            if ((x - x0) / width) ** 2 + ((y - y0) / height) ** 2 <= 1:
                oled.pixel(x, y, color)


# 鼻の外側の円
def draw_circle_hana(x0, y0, radius, color=1):
    for theta in range(0, 360):
        x = int(x0 + radius * math.cos(math.radians(theta)))
        y = int(y0 + radius * math.sin(math.radians(theta)))
        oled.pixel(x, y, color)


# 円を描画する関数（瞳のエッジのぼかし効果）
def draw_circle(x0, y0, radius, color=1, dithering=False):
    for theta in range(0, 360):
        x = int(x0 + radius * math.cos(math.radians(theta)))
        y = int(y0 + radius * math.sin(math.radians(theta)))
        if dithering and theta % 10 < 5:
            oled.pixel(x, y, color)


# 目を開いた状態を描画する関数
def draw_eye_open(eye_center_x, eye_center_y, pupil_x, pupil_y):
    # 目の形を描画
    draw_ellipse(eye_center_x, eye_center_y, 20, 17)

    # 瞳の描画
    draw_filled_circle(pupil_x, pupil_y, 15, 0)

    # 瞳のエッジにソフトなぼかし効果を追加
    draw_circle(pupil_x, pupil_y, 15, 0, dithering=True)
```

```
    # 瞳のハイライトを描画
    draw_filled_circle(pupil_x - 3, pupil_y - 3, 2, 1)


# 鼻を描画する関数
def draw_nose():
    # 外側の円を描画
    draw_circle_hana(64, 42, 8)


    # ハイライトを描画
    draw_filled_circle(62, 40, 2)


while True:
    # ランダムにルールを選択
    rule_choice = random.choice([1, 2, 3])
    if rule_choice == 1:
        # ランダムに瞳の座標を生成
        pupil_dx = random.randint(2, 5)
        pupil_dy = random.randint(-3, 0)
        pupil_x_left = 25 + pupil_dx
        pupil_y_left = 30 + pupil_dy
        pupil_x_right = 103 - pupil_dx
        pupil_y_right = 30 + pupil_dy


        # 両目と鼻を描画する前に画面を黒で塗りつぶす
        oled.fill(0)
        draw_eye_open(24, 32, pupil_x_left, pupil_y_left)
        draw_eye_open(104, 32, pupil_x_right, pupil_y_right)
        draw_nose()
        oled.show()  # 画面を更新
        time.sleep(random.uniform(0.01, 0.1))


        pupil_dx = random.randint(2, 5)
        pupil_dy = random.randint(-3, 0)
        pupil_x_left = 25 + pupil_dx
        pupil_y_left = 30 + pupil_dy
        pupil_x_right = 103 - pupil_dx
        pupil_y_right = 30 + pupil_dy
```

8

今日は何着る？洋服選び提案ChatGPTロボット

```
    # 両目と鼻を描画する前に画面を黒で塗りつぶす
    oled.fill(0)
    draw_eye_open(24, 32, pupil_x_left, pupil_y_left)
    draw_eye_open(104, 32, pupil_x_right, pupil_y_right)
    draw_nose()
    oled.show()  # 画面を更新
    time.sleep(random.uniform(0.1, 0.5))

elif rule_choice == 2:
    pupil_x_left = 21
    pupil_y_left = 29
    pupil_x_right = 94
    pupil_y_right = 29

    # 両目と鼻を描画する前に画面を黒で塗りつぶす
    oled.fill(0)
    draw_eye_open(24, 32, pupil_x_left, pupil_y_left)
    draw_eye_open(104, 32, pupil_x_right, pupil_y_right)
    draw_nose()
    oled.show()  # 画面を更新
    time.sleep(random.uniform(1, 1.5))

else:
    pupil_x_left = 32
    pupil_y_left = 29
    pupil_x_right = 108
    pupil_y_right = 29

    # 両目と鼻を描画する前に画面を黒で塗りつぶす
    oled.fill(0)
    draw_eye_open(24, 32, pupil_x_left, pupil_y_left)
    draw_eye_open(104, 32, pupil_x_right, pupil_y_right)
    draw_nose()
    oled.show()  # 画面を更新
    time.sleep(random.uniform(1, 1.5))

# 一定の確率で目を閉じるようにする
if random.randint(1, 10) > 8:
```

```
oled.fill(0)
draw_nose()
oled.show()
time.sleep(random.uniform(0.05, 0.15))
```

　このコードは、OLEDディスプレイに動きのある表情を生成するプログラムです。目と鼻を描画する関数群を定義し、目には瞳、ハイライトを加えることで、リアルな表情を作り出しています。無限ループ内ではランダムに選ばれたルールに基づき、瞳の位置を変えながら目と鼻を描画し、一定の確率で目を閉じるアニメーションを繰り返します。

　rule_choice = random.choice([1, 2, 3])で、1から3までの数字の中からランダムに一つ選ぶ処理を行っています。選ばれた数字によって瞳の位置が決まります。またtime.sleep(random.uniform(1, 1.5))の部分は、1秒から1.5秒の間でランダムに決まる時間だけプログラムを停止させます。これらの処理により、不規則でリアルな瞳の動きを表現します。

▲ 瞳の動きのパターン

　最後のif random.randint(1, 10) > 8:の部分では、まばたきの処理を設定しています。random.randint(1, 10)は、1から10までの整数の中からランダムに一つの数値を選ぶ関数です。その結果が8より大きい場合、つまり約20%の確率でまばたきが実行されます。

▲ ランダムなタイミングで目を閉じる

今日は何着る？洋服選び提案ChatGPTロボット

Section 04

タッチセンサーの使い方

洋服選び提案ロボットが提案を始めるきっかけの部分を作成します。本装置では、そのきっかけにタッチセンサーを利用します。

タッチ操作でロボットを制御

　使用するタッチセンサーはTTP223Bと呼ばれるチップを搭載した静電容量式タッチセンサーです。このセンサーは、執筆時点では国内の著名な電子パーツショップで取り扱われていませんが、「TTP223B」で検索すればAmazonなどのオンラインショップで同種の部品を購入可能です。

　静電容量式のセンサーは、人の指がセンサー表面に近づくことで生じる電気的特性の変化を検知します。軽いタッチにも反応するこのセンサーは、スムーズでストレスフリーな操作が可能です。洋服選び提案ロボットの上部に設置すれば、頭をなでるような動作でPico Wに指令を出せます。

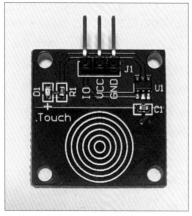

▲ 静電容量式タッチセンサー

タッチセンサーの接続

タッチセンサーのGNDピンはPico WのGNDピンに、VCC（電源）ピンはPico Wの3.3Vピンに接続します。またIOのピンをPico WのGPIO28番ピンに接続します。

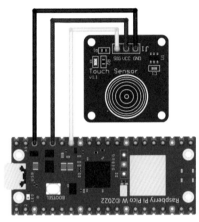

▲ タッチセンサーの配線図

タッチを検出するプログラム

以下のコードを実行して、センサーの動作を確認してみましょう。このコードは、GPIO28番ピンに接続されたタッチセンサーからの入力を監視するものです。

● touch_sensor_test.py

```python
from machine import Pin
import time

# 静電容量タッチセンサーを接続しているピンを設定
touch_sensor = Pin(28, Pin.IN)

while True:
    # タッチセンサーの値を読み取り、タッチされているか確認
    if touch_sensor.value() == 1:
        # タッチセンサーがタッチされている場合
```

8

今日は何着る？洋服選び提案ChatGPTロボット

```
    print("Touched!")
time.sleep(0.1)
```

touch_sensor.value()の部分でタッチセンサーの状態を確認します。センサーがタッチされていない場合は0を、タッチされた場合は1を返します。無限ループ内でセンサーの値を継続的に読み取り、センサーがタッチされた場合、つまり値が1のときに「Touched!」と表示します。

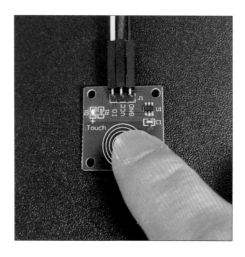

```
シェル ×
>>> %Run -c $EDITOR_CONTENT
  Touched!
```

▲ シェル画面の表示

Section 05 割り込みの使い方

洋服選びを提案するロボットは、タッチセンサーに触れると提案を表示します。顔のアニメーション表示と並行してセンサーからの信号を受け取るため、割り込み機能を活用します。

割り込みが必要な理由

顔のアニメーションを表示するプログラムでは、スリープ処理が頻繁に使われます。このスリープ中にセンサーをタッチした場合、普通のプログラムではタッチを検出できないことがあります。この問題を解決するのが、割り込みの機能です。

割り込みはプログラムの通常の流れを一時的に中断し、ユーザー操作などのイベントに対応するための仕組みです。洋服選びロボットは割り込み機能により、アニメーション表示中でもタッチセンサーの信号を検知して洋服を提案できます。

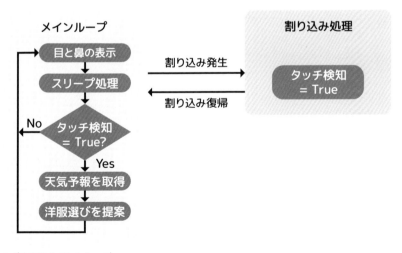

▲ 割り込みのイメージ

割り込みのプログラム

以下のプログラムで実際に割り込み機能を使ってみましょう。

● touch_sensor_interrupt.py

```python
from machine import Pin
import time

# グローバル変数を定義（割り込みフラグ）
touch_detected = False

# 割り込みハンドラ関数
def touch_handler(pin):
    global touch_detected
    print("タッチを検知")  # 直接ここで反応を表示
    touch_detected = True  # 割り込みフラグをTrueに設定

# 静電容量タッチセンサーを接続しているピンを設定
touch_sensor = Pin(28, Pin.IN)

# タッチセンサーの割り込み設定
touch_sensor.irq(trigger=Pin.IRQ_RISING, handler=touch_handler)

counter = 0  # カウンター変数
while True:
    counter += 1  # カウンターに1を加算
    print(counter)  # 現在のカウンター値を出力

    print("スリープを開始")
    time.sleep(10)
    print("スリープから復帰")

    if touch_detected:
        touch_detected = False  # 割り込みフラグをリセット
```

　まず、変数touch_detectedをFalseで初期化します。次に、割り込みハンドラ関数であるto
uch_handler関数を定義しています。この関数はタッチセンサーに触れると呼び出され、グロ
ーバル変数touch_detectedの値をTrueに設定します。

　グローバル変数は関数の内部や外部を問わず、プログラムのどこからでも使える変数です。
global touch_detectedのように記述することで、touch_detected変数がプログラム全体で共
有されるグローバル変数として扱われるようになります。これにより、関数内部で変数の値を
変更しても、関数の外部や他の関数からもその変更が反映されることになります。

　touch_sensor.irqの部分では、タッチセンサーの割り込みを設定しています。trigger=Pin.
IRQ_RISINGは、センサーの信号がLOWからHIGHに変わる瞬間に割り込みを発生させることを
指定しています。handler=touch_handlerは、その割り込みが発生したときに実行される関数
を指定しており、この例ではtouch_handler関数を呼び出しています。

タッチセンサーの割り込み設定
```
touch_sensor.irq(trigger=Pin.IRQ_RISING, handler=touch_handler)
```

| イベント発生時に反応する
ための割り込みを設定 | ピンの電圧がHIGHになると
割り込みが発生するよう設定 | 割り込みが発生した時に
実行する関数を指定 |

▲ タッチセンサーの割り込みを設定

　プログラムのメインループでは、counter変数を1増やして、その値を表示します。次に
「スリープを開始」と表示して10秒間待機します。待機が終わると、「スリープから復帰」と
表示されます。タッチセンサーに触れると、割り込みハンドラ関数touch_handlerが呼び出さ
れ、「タッチを検知」と表示します。その後、touch_detectedをFalseに戻して、次のタッチ
を待ちます。

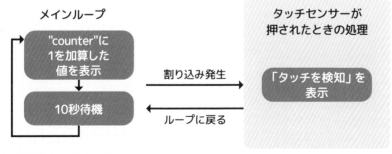

▲ 割り込みのイメージ

　プログラムを実行してみましょう。タッチセンサーに触れると、スリープ中でも「タッチを検知」と表示されます。その後再びループに戻ります。これにより、割り込み処理の基本的な動作を確認できます。

```
1
スリープを開始
スリープから復帰
2
スリープを開始
タッチを検知
スリープから復帰
3
スリープを開始
```

▲ シェル画面の表示

組み合わせて作品にしよう

ChatGPT API の使い方とパーツの動かし方を確認できたら、それらを活かして作品を完成させましょう。

洋服選び提案ロボットを完成させよう

本作品ではタミヤが販売している「楽しい工作シリーズ（セット）No.248　ローラースケートロボ工作セット」をベースにタッチセンサーと OLED ディスプレイを取り付け、提案ロボットとして活用します。

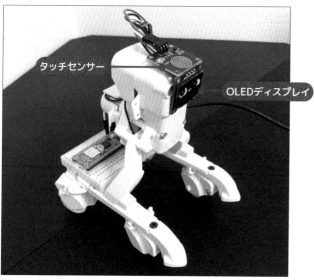

タッチセンサー

OLEDディスプレイ

▲ ローラースケートロボへの取り付け

　ローラースケートロボットは本来ローラースケートをしているかのように滑らかに動く設計ですが、今回はその動きを封印し、メッセージ表示専用とします。AI洋服選び提案ロボットの機能は次の通りです。

1. 待機状態ではOLEDディスプレイに目と鼻のアニメーションを表示
2. 上部のタッチセンサーに触れると、今日の天気に応じた洋服選び提案をOLEDディスプレイに表示

回路の作成

　Pico Wとタッチセンサー、OLEDディスプレイは以下のように接続します。タッチセンサーのGNDピンはPico WのGNDピンに、VCC（電源）ピンはPico Wの3.3Vピンに接続します。またIOのピンをPico WのGPIO2番ピンに接続します。OLEDディスプレイの接続方法は先ほど解説したものと同じです。

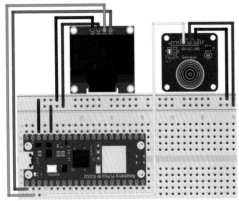

▲ OLEDディスプレイとタッチセンサーの配線図

完成したプログラム

　洋服選び提案ロボットのプログラムは以下のように作成します。プログラム全体は長いですが、主な目的は二つです。前半部分では、AIによる洋服選びの提案機能を実装し、後半部分ではOLEDディスプレイを使ってロボットの目と鼻を表示するアニメーションを制御しています。

● ssd1306_chatgpt_face_tenki.py

```python
from machine import Pin, I2C
from ssd1306 import SSD1306_I2C
import time
import random
import math
import network
import urequests as requests
import json
from misakifont import MisakiFont

# 無線LANへの接続
def connect_to_wifi(ssid, password):
    → 64ページ参照


# 1文字分のビットマップデータを表示する関数
def show_bitmap(oled, fd, x, y, color, size):
    → 226ページ参照


# テキスト全体をOLEDディスプレイに表示する関数
def show_string(oled, mf, string, x, y, color, size):
    → 226ページ参照


# ChatGPTの応答を取得する関数
def get_chat_response(prompt):
    → 217ページ参照


mf = MisakiFont()  # 美咲フォントの初期化
size = 1.5  # 文字のサイズを1.5倍に設定
```

今日は何着る？洋服選び提案ChatGPTロボット

```python
# 自宅Wi-FiのSSIDとパスワードを入力
ssid = "YOUR NETWORK SSID"
password = "YOUR NETWORK PASSWORD"

# Wi-Fiに接続
connect_to_wifi(ssid, password)

# OpenAI API key
openai_api_key = "YOUR OpenAI API key"  # 前項で発行したAPI Keyに置き換えてください

# OpenAI Chat Completion APIエンドポイントを設定
ENDPOINT = "https://api.openai.com/v1/chat/completions"

# OLEDディスプレイのサイズ設定
width = 128
height = 64

# Raspberry Pi PicoのI2C設定
i2c = I2C(0, scl=Pin(1), sda=Pin(0), freq=400000)
oled = SSD1306_I2C(128, 64, i2c)

# グローバル変数を設定（割り込みハンドラで使用）
gpt_triggered = False

# 割り込みハンドラ関数
def touch_handler(pin):
    global gpt_triggered
    gpt_triggered = True  # センサーに触れたことを示すフラグをTrueに設定

# 静電容量タッチセンサーのピンを設定
touch_sensor = Pin(2, Pin.IN)

# センサーの割り込みを設定。センサーに触れるとtouch_handler関数が呼び出される
touch_sensor.irq(trigger=Pin.IRQ_RISING, handler=touch_handler)

# ChatGPTを用いた洋服選び提案を行う関数
def chatgpt_run():
    oled.fill(0)  # OLEDディスプレイの画面をクリア
```

```python
# 文字列を表示
show_string(oled, mf, "ChatGPT:", 0, 25, 1, 2)


# Web APIのURLを作成
city_ID = "130010"  # 130010は東京


# 天気予報APIのURL組み立て
url = "https://weather.tsukumijima.net/api/forecast/city/" + city_ID


# 指定したURLから天気情報を取得
response = requests.get(url)
weather_json = response.json()  # データをPythonの辞書型に変換


# 天気予報データから情報を取得
rain_probability = weather_json["forecasts"][0]["chanceOfRain"]["T12_18"]  # 降水確率
min_temp = weather_json["forecasts"][0]["temperature"]["min"]["celsius"]  # 最低気温
max_temp = weather_json["forecasts"][0]["temperature"]["max"]["celsius"]  # 最高気温


# 降水確率の処理
if rain_probability == "--%":
    # 12〜18時のデータがない場合は18〜24時を取得
    rain_probability = weather_json["forecasts"][0]["chanceOfRain"]["T18_24"]
    if rain_probability == "--%":
        print("降水確率データなし")
        rain_probability = "データなし"
    else:
        print("降水確率 {}".format(rain_probability))
else:
    print("降水確率 {}".format(rain_probability))


# 最低気温の処理
if min_temp is None:
    print("朝の最低気温データなし")
    min_temp = "データなし"
else:
    print("朝の最低気温 {}".format(min_temp))


# 最高気温の処理
```

8

今日は何着る？洋服選び提案ChatGPTロボット

```python
    if max_temp is None:
        print("日中の最高気温データなし")
        max_temp = "データなし"
    else:
        print("日中の最高気温 {}".format(max_temp))

    # ChatGPTへ送るメッセージを設定
    prompt = (
        "あなたは一流のスタイリストです。"
        "朝の最低気温" + min_temp + "℃、日中の最高気温" + max_temp + "℃、"
        "降水確率" + rain_probability + "の天気に適した、"
        "モテたい30代男性におすすめのトレンドを意識したコーディネイト(アイテム名や色あわ
せ)を"
        "40文字以内で教えて。気温や天気は不要です。漢字を使わず、ひらがなやカタカナで答え
て。"
    )
    print("User: " + prompt)

    # ChatGPTの応答を取得
    chat_response = get_chat_response(prompt)
    print("ChatGPT: " + chat_response)

    oled.fill(0)

    # ChatGPTの応答をディスプレイに表示
    show_string(oled, mf, chat_response, 0, 0, 1, size)

    time.sleep(60)

    global gpt_triggered
    gpt_triggered = False  # タッチセンサーのトリガーフラグをリセット

# 塗りつぶされた円を描画する関数 (目と鼻のハイライト)
def draw_filled_circle(x0, y0, radius, color=1):
    → 229ページ参照

# 楕円を描画する関数 (目の形)
def draw_ellipse(x0, y0, width, height, color=1):
```

→ 229ページ参照

```
# 鼻の外側の円
def draw_circle_hana(x0, y0, radius, color=1):
```
→ 229ページ参照

```
# 円を描画する関数（瞳のエッジのぼかし効果）
def draw_circle(x0, y0, radius, color=1, dithering=False):
```
→ 229ページ参照

```
# 目を開いた状態で描画する関数
def draw_eye_open(eye_center_x, eye_center_y, pupil_x, pupil_y):
```
→ 229ページ参照

```
# 鼻を描画する関数
def draw_nose():
```
→ 229ページ参照

```
while True:
    # タッチセンサーに触れた場合の処理
    if gpt_triggered:
        chatgpt_run()  # ChatGPTによる洋服選び提案関数を実行
        continue  # 次のループへ移動

    else:
        # ランダムに目の動きのルールを選択
        rule_choice = random.choice([1, 2, 3])
        if rule_choice == 1:
            # ランダムに瞳の座標を生成
            pupil_dx = random.randint(2, 5)
            pupil_dy = random.randint(-3, 0)
            pupil_x_left = 25 + pupil_dx
            pupil_y_left = 30 + pupil_dy
            pupil_x_right = 103 - pupil_dx
            pupil_y_right = 30 + pupil_dy

            # 両目と鼻を描画する前に画面を黒で塗りつぶす
            oled.fill(0)
```

8

今日は何着る？洋服選び提案ChatGPTロボット

```python
        draw_eye_open(24, 32, pupil_x_left, pupil_y_left)
        draw_eye_open(104, 32, pupil_x_right, pupil_y_right)
        draw_nose()
        oled.show()  # 画面を更新
        time.sleep(random.uniform(0.01, 0.1))

        pupil_dx = random.randint(2, 5)
        pupil_dy = random.randint(-3, 0)
        pupil_x_left = 25 + pupil_dx
        pupil_y_left = 30 + pupil_dy
        pupil_x_right = 103 - pupil_dx
        pupil_y_right = 30 + pupil_dy

        # 両目と鼻を描画する前に画面を黒で塗りつぶす
        oled.fill(0)
        draw_eye_open(24, 32, pupil_x_left, pupil_y_left)
        draw_eye_open(104, 32, pupil_x_right, pupil_y_right)
        draw_nose()
        oled.show()  # 画面を更新
        time.sleep(random.uniform(0.1, 0.5))

    elif rule_choice == 2:
        pupil_x_left = 21
        pupil_y_left = 29
        pupil_x_right = 94
        pupil_y_right = 29

        # 両目と鼻を描画する前に画面を黒で塗りつぶす
        oled.fill(0)
        draw_eye_open(24, 32, pupil_x_left, pupil_y_left)
        draw_eye_open(104, 32, pupil_x_right, pupil_y_right)
        draw_nose()
        oled.show()  # 画面を更新
        time.sleep(random.uniform(1, 1.5))

    else:
        pupil_x_left = 32
        pupil_y_left = 29
```

```
    pupil_x_right = 108
    pupil_y_right = 29

    # 両目と鼻を描画する前に画面を黒で塗りつぶす
    oled.fill(0)
    draw_eye_open(24, 32, pupil_x_left, pupil_y_left)
    draw_eye_open(104, 32, pupil_x_right, pupil_y_right)
    draw_nose()
    oled.show()  # 画面を更新
    time.sleep(random.uniform(1, 1.5))

# 一定の確率で目を閉じるようにする
if random.randint(1, 10) > 8:
    oled.fill(0)
    draw_nose()
    oled.show()
    time.sleep(random.uniform(0.05, 0.15))
```

このプログラムを実行すると、まずロボットの目と鼻を表示するアニメーションのループが始まります。アニメーションは繰り返し実行され、ロボットの表情をランダムに変化させます。

▲ 待機状態では目と鼻を表示

　このロボットの主な機能は、洋服選びの提案です。タッチセンサーに触れると、アニメーション表示を一時中断し、洋服選びの提案処理を実行します。洋服選びの提案処理が終了すると、プログラムは再びアニメーションの表示に戻ります。

　chatgpt_run関数では、まず天気予報（降水確率、最高気温、最低気温）を取得します。天気予報を取得する方法の詳細はChapter 4を参照してください。

　この天気予報データは、その後のChatGPTへのメッセージ作成に使用されます。作成されたメッセージは、ChatGPTのAPIに送信され、応答を受け取ります。

```
# ChatGPTへ送るメッセージを設定
prompt = "あなたは一流のスタイリストです。" \
        "朝の最低気温" + min_temp + "℃、日中の最高気温" + max_temp + "℃、" \
        "降水確率" + rain_probability + "の天気に適した、" \
        "モテたい30代男性におすすめのトレンドを意識したコーディネイト(アイテム名や色あわせ)を" \
        "40文字以内で教えて。気温や天気は不要です。漢字を使わず、ひらがなやカタカナで答えて。"
```

　　　　　　　□□□□□□ の部分に天気予報APIから取得した数値が入る

▲ ChatGPTへ送るメッセージ

　フォントデータの制限により利用可能な漢字が限られているため、返答における漢字の使用を極力避けるようにメッセージで依頼しています。また、メッセージはご自身の年齢や洋服の好みに合わせてカスタマイズしてみてください。望む回答を得るためには、実際の回答内容を参照しながらメッセージを調整することが効果的です。

　ChatGPTからの応答は、OLEDディスプレイ上に表示され、ユーザーは洋服選びの提案をテキストで確認できます。

▲ ChatGPTによる洋服選びの提案

おわりに

　この本を締めくくるにあたり、あらためて電子工作の魅力について考えてみたいと思います。電子工作は自分の仮説を検証し、その過程で新たな発見を重ねていくという探求の連続です。筆者自身、日々さまざまな工作に取り組む中で、成功するときもあれば、予期せぬ結果に直面することも少なくありません。しかし、この過程はまるで宝探しの冒険のようなワクワク感に満ちています。時にはお宝が発見できないこともありますが、そこには貴重な学びがたくさんあります。お宝はかんたんに見つからないからこそ、探し当てたときの喜びは格別です。

　電子工作の腕を磨くには、興味を持ったパーツを積極的に使ってみることが大切です。パーツを買う際は価格や費用対効果のことを考えるより、どれだけワクワクするかを優先するとよいでしょう。ワクワクするパーツが入手できれば、ずっと手を動かしていたくなるものです。「あれができるかもしれない」「これもできるかもしれない」と試行錯誤しているうちに、少しずつ知識と経験が増えていきます。すると、ふとしたアイデアやこれまでの経験が結びついて、見たこともないようなすばらしい作品が生まれることがあるのです。新しいパーツへの好奇心を追求し、積極的に手を動かすことが技術と創造力の両方を育てる近道となります。

　これから先も、電子工作に関連するデバイスやパーツが次々に登場してくることでしょう。筆者は新製品の情報を調べるのが大好きです。それらを使って何を作ることができるのか、考えるだけでワクワクしてきます。そして、実際に入手したアイテムで自分の満足できる作品を完成させた時、興奮はピークに達します。この興奮を皆さんと分かち合えたなら、これ以上の幸せはありません。あなたの中に眠るクリエイティブな才能を解放し、今までにない斬新な作品を創り出す宝探しの旅を、ぜひ一緒に始めましょう。

　さて、次はどんなおもしろい作品を作りますか？

2024年5月　そぞら

Index

著者プロフィール

● そぞら

2021年よりRaspberry Piに関連する情報を発信。ゼロから電子工作を独学した経験を生かし、入門者向けの情報を紹介するブログ「sozorablog」を運営、月間最高閲覧数は10万回を超える。X（旧Twitter）での作品紹介の投稿は200万回以上の閲覧を記録し、たびたびネットニュースで特集される。「プログラミングや電子工作で遊ぶ楽しさを世界に伝える」を掲げて鋭意更新中。

X　@sozoraemon
Raspberry Piで電子工作をはじめよう - sozorablog　https://sozorablog.com/

■お問い合わせについて

本書の内容に関するご質問は、下記の宛先までFAXまたは書面にてお送りいただくか、弊社Webサイトの質問フォームよりお送りください。お電話によるご質問、および本書に記載されている内容以外のご質問には、一切お答えできません。あらかじめご了承ください。

〒162-0846
東京都新宿区市谷左内町21-13
株式会社技術評論社　第5編集部
「ラズパイ Pico W　かんたん IoT 電子工作レシピ」質問係
FAX：03-3513-6173

技術評論社 Web サイト：https://gihyo.jp/book/

なお、ご質問の際に記載いただいた個人情報は質問の返答以外の目的には使用いたしません。また、質問の返答後は速やかに削除させていただきます。

● カバーデザイン　　　　坂本真一郎（クオルデザイン）
● カバーイラスト　　　　高内彩夏
● 本文デザイン・DTP　　横塚あかり
● レビュー協力　　　　　松岡貴志
● 編集　　　　　　　　　向井浩太郎

ラズパイ Pico W　かんたん IoT 電子工作レシピ

2024年5月31日　初　版　第1刷発行

著者　　　そぞら
発行者　　片岡　巌
発行所　　株式会社技術評論社
　　　　　東京都新宿区市谷左内町21-13
　　　　　電話　03-3513-6150（販売促進部）
　　　　　　　　03-3513-6177（第5編集部）
印刷／製本　図書印刷株式会社

定価はカバーに表示してあります。

ISBN978-4-297-14182-0 C3055
Printed in Japan